智能信息处理核心技术及应用研究

李 萍 康彩丽 著

中国原子能出版社

图书在版编目（CIP）数据

智能信息处理核心技术及应用研究／李萍，康彩丽
著. -- 北京：中国原子能出版社，2019.6
ISBN 978-7-5022-9849-4

Ⅰ.①智… Ⅱ.①李…②康… Ⅲ.①人工智能—信
息处理—研究 Ⅳ.①TP18

中国版本图书馆 CIP 数据核字（2019）第 126540 号

内 容 简 介

信息智能处理技术是信号与信息技术领域一个前沿的富有挑战性的研究方向，它以人工智能理论为基础，侧重于信息处理的智能化。本书从信息科学的角度出发，系统地论述了智能信息处理的核心技术，涉及了目前国内外智能信息处理的研究成果，主要内容包括模糊信息处理技术、神经网络信息处理技术、粗集信息处理技术、进化计算的信息处理技术、数据信息融合技术、其他智能信息处理技术的应用等。本书取材新颖，内容丰富，注重理论与实践相结合，是一本值得学习研究的著作。

智能信息处理核心技术及应用研究

出版发行　中国原子能出版社（北京市海淀区阜成路 43 号　100048）
责任编辑　张　琳
责任校对　冯莲凤
印　　刷　北京亚吉飞数码科技有限公司
经　　销　全国新华书店
开　　本　787mm×1092mm　1/16
印　　张　11.75
字　　数　211 千字
版　　次　2019 年 9 月第 1 版　2024 年 9 月第 2 次印刷
书　　号　ISBN 978-7-5022-9849-4　　定　价　56.00 元

网址：http://www.aep.com.cn　　E-mail：atomep123@126.com
发行电话：010—68452845　　　　版权所有　侵权必究

前　言

　　智能信息处理是通过研究人与自然界生物的思维模式,从中发现处理复杂问题的理论、算法和系统的方法和技术。将这些成果应用到各种机械之中,具备"思维"的机械也能够像人类一样进行复杂的工作。智能信息处理面对的主要问题是不确定性系统和不确定性现象的信息处理。

　　智能信息处理涉及信息科学的多个领域,是现代信号处理、人工神经网络、模糊系统理论、进化计算、人工智能等理论和方法的综合应用。为了便于探讨和学习,现将有关智能信息处理的技术及相关的应用做了整理和总结,并在前人的基础上做了一定的修改,实现了内容上的创新。

　　全书共分为7章,第1章为智能信息处理概论,这是智能信息处理最基本的问题,也是理解和掌握这门知识的起点;第2章为模糊信息处理技术,内容主要包括模糊理论基础、模糊信息与诊断模糊模型、模糊逻辑控制的信息处理、模糊模式识别信息处理和模糊信息优化方法以及相关的应用;第3章为神经网络信息处理技术,主要介绍了信息处理的各种神经网络模型;第4章为粗集信息处理技术,主要包括粗糙集的基本理论、粗糙集与神经网络的融合以及有关的应用与发展现状;第5章为进化计算的信息处理技术,是在生物进化的理论之上,介绍了进化计算以及其应用研究;第6章为数据信息融合技术,主要介绍了数据融合的基本理论以及其算法和应用;第7章为其他智能信息处理技术的应用,主要介绍了云信息处理、DNA算法以及量子智能信息处理。

　　本书在内容上具有以下优点:

　　第一,保留重点内容。本书基本保留了智能信息处理的核心内容,并删减了一些过于烦琐的计算,既保证内容的完整性又增强了读者的可阅读性。

　　第二,紧密联系实际。智能信息处理要解决的是实际问题,因此我们在撰写过程中引入了大量的应用,这是理论联系实践的最大亮点。

　　第三,结构完整。本书力求条理清楚、论证严谨,具有科学性、系统性和实用性,通过学习可以拓宽读者的知识面,拓展读者的思维空间,对了解和掌握智能信息处理的核心技术及应用现状有很大的帮助。

　　本书在撰写过程中参考了大量的资料,同时也得到了各位同行的鼎力相助,这里我向你们表示诚挚的谢意。虽然本书经过多次的检查与修改,但难免存在一些问题,给读者带来不好的阅读体验我深感愧疚,还希望广大的学者积极地提出有关的问题,通过后期的修正使本书更加完善。

由于作者水平有限,写作过程中难免有疏漏和不足之处,望广大读者见谅,还希望你们能够提出宝贵的意见,谢谢你们!

作　者

2019 年 4 月

目　　录

第1章　智能信息处理概论

智能信息处理就是将不完全、不可靠、不精确、不一致和不确定的知识和信息逐步改变为完全、可靠、精确、一致和确定的知识和信息的过程和方法。智能信息处理涉及信息科学的多个领域,是现代信号处理、人工网络、模糊系统理论、进化计算,包括人工智能等理论和方法的综合应用。

1.1　智能、人工智能、计算智能

1.1.1　智能与人工智能的定义

个体有目的的行为、合理的思维,以及有效地适应环境的综合性能力就是智能。通过对人类智力活动奥秘的探索与记忆思维机理的研究,来开发人类智力活动的潜能、探讨用各种机器模拟人类智能的途径,使人类的智能得以物化与延伸的一门学科,即所谓的人工智能(Artificial Intelligence,AI)。

1.1.2　人工智能的三个关键部分

人工智能是用计算机模型模拟思维功能的科学。人工智能必须有能力做三件事:知识存储、用存储知识解决问题、通过经验获取新知识。因此,一个人工智能系统具有三个关键部分:表示、推理和学习,如图1-1所示。

(1)表示(Representation)。人工智能最独特的特性是对符号结构语言普遍深入的应用,这种语言能表示特定问题域的一般知识和问题求解的特殊知识,符号通常用公式表示,这种表示对用户而言相对容易理解,实际上符号人工智能的透明度非常适合人机交互。

人工智能研究专家用到的"知识"是数据的另一种表述,具有说明性和过程性。在说明性表示中,知识表示为事实的静态集合,并带有一个用于操作事实的一般性过程集合。在过程性表示中,知识表示蕴含于可执行代码中,此代码能执行知识表达的意义。在绝大部分问题域中通常需要这两种类型的知识。

图 1-1 人工智能系统的三个关键部件示意图

(2)推理(Reasoning)。在许多基本结构中,推理是解决问题的能力,一个系统要有出色的推理系统,必须要满足特定条件:

1)能表示和解决十分广泛的问题及问题类型。

2)知道显示和隐藏的信息。

3)有一个控制机制,当问题已被求解或对问题的进一步处理完成时,决定对特定问题使用何种操作。

在实际情况中(如医学诊断)可能会遇到可用知识不完全或不确切的情况,此时可以采用概率推理过程,用人工智能系统来处理不确定性。

(3)学习(Learning)。学习也称为机器学习。机器学习的简单模型如图 1-2 所示。

图 1-2 机器学习的简单模型

环境提供给学习元件一些信息,学习元件将这些信息加入知识库中,执行元件以知识库为基础执行任务。周围环境提供给机器的知识种类通常是有缺陷的,结果学习元件事先不知道如何填补遗失细节或如何忽略不重要细节,因此机器先凭借猜测执行,再获取从执行元件得到的反馈,反馈机制使机器能推测假设并在必要时进行修正。

机器学习包括两种截然不同的信息处理方法:归纳和演绎。在归纳信息处理过程中,从原始数据和经验得到一般模式和规则。在演绎信息处理中,从一般规则得到特定事实。基于相似度的学习用归纳的方法,其理论证据则是从已知公理和理论中而来的演绎;基于解释的学习用归纳和演绎两种方法。

1.1.3　计算智能

经过近半个世纪的发展,传统人工智能在知识表示、自动推理和搜索方法、机器翻译、计算机视觉、智能机器人和自动程序设计等方面进行了一系列研究,取得了许多理论和应用成果,但并未取得真正的突破,即机器的智能至今仍与人类的智能相差甚远,其原因就是:大千世界是变化的、发展的,是浩瀚无垠的,人类的知识是不完全的、不可靠的、不精确的、不一致的,我们对人脑的结构和应激机制以及思维方式还缺乏准确而完整的认识。

近年来,模仿生物神经网络的人工神经网络(Artificial Neural Network,ANN),模仿生物遗传和进化规律的进化计算(Evolutionary Computation,EC),模仿人类对模糊现象认知的模糊集理论(Fuzzy Set,FS)受到了人们广泛关注,并得到了快速发展,产生了集人工神经网络、进化计算和模糊集理论为一体的计算智能(Computational Intelligence,CI)。

计算智能,广义地讲就是借鉴仿生学思想,基于生物体系的生物进化、细胞免疫、神经细胞网络等机制,用数学语言抽象描述的计算方法,用以模仿生物体系和人类的智能机制。

控制论专家 L. A. Zadeh 将人工神经网络、进化计算和模糊集理论归纳为"软计算"(Soft Computing,SC),以区别于传统上精确、严格的"硬计算"(Hard Computing,HC)。

关于人工智能和计算智能的关系,以 J. C. Bezdek 等人为代表的学者认为:计算智能是人工智能的子集,他们认为智能有三个层次,以模式识别为例,如图 1-3 所示,第一层次是生物智能(Biological Intelligence,BI),它是由大脑中的物理化学过程所反映出来的。大脑是由有机物构成的,是生物智能的物质基础;第二层次是人工智能,是非生物的、人造的,其基础是符号系统及其处理,并且来源于人的知识和有关数据;第三层次是计算智能,它由计算机通过数学计算来实现,它的来源是数值计算以及传感器所得到的数据。按照 Bezdek 等人的看法,生物智能包含了人工智能,人工智能又包含了计算智能,人工智能是计算智能到生物智能的中间过渡,模糊集表示和模糊逻辑技术是由计算智能到人工智能的过渡环节。

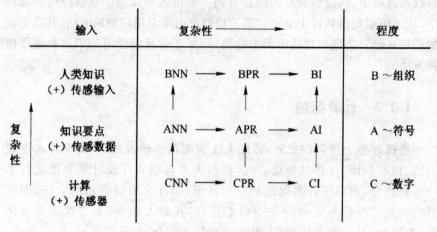

图 1-3　Bezdek 提出的智能的三个层次

R. C. Eberhart 则将计算智能定义为：一种包含计算的方法，它们显示出有学习或处理新情况的能力，从而使系统具有一种或几种推理功能，如泛化、恢复、联想和抽象等。计算智能系统通常包括多种方法的混合，如人工神经网络、模糊系统、进化计算系统以及知识元件等，计算智能系统常常设计成模仿生物智能的某些方面。

R. C. Eberhart 用图 1-4 的结构来表示智能系统各部分的关系，其中一个箭头直接从传感器到智能行为，另一个箭头从算法和模式识别到智能行为，它们反映了反射作用。

实际上，INSPEC（Information Service for Physics and Engineering Communities）数据库的确是以 CI 和 AI 不同的分类进行文献检索的。在 WCCI 94 大会上，INSPEC 仅将 14％的文献既归类为 AI，同时也归类为 CI。另外还可以看出：计算智能表现出上升趋势，相反人工智能却呈现出下降的趋势。许多学者认为：到目前为止，人工智能中最成功的应用是专家系统（Expert System）。计算智能表现出上升趋势的重要原因在于：它能够有效地解决系统中一些非线性和不确定性的问题，而在实际问题中非线性和不确定性又是普遍存在的。按照 L. A. Zadeh 教授的观点，计算智能本质上是属于"软计算"的，这是因为用这类方法在对问题求解时，即便是对象模型和边界条件不够精确和完整也能够得到一个合理的解。而传统的基于模型的解题方法（如微分方程）往往要求系统的精确模型参数和严格的边界条件（L. Zadeh 教授将这类方法归类为"硬计算"），也就是说用硬计算方法在系统模型不精确或者边界条件不准确的情况下，问题的解必然不准确。正是计算智能这种"软"特性使它在问题求解过程中表现出了强大生命力。

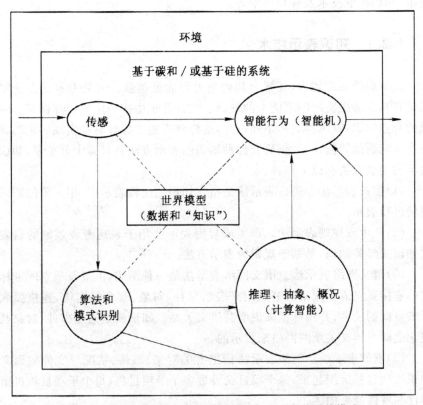

图 1-4　R. C. Eberhart 对智能系统各部分之间关系的描述

当然,无论是 CI 还是传统的 AI 都各有其特点、问题、潜力与局限,它们只能相互补充而不能相互取代。事实上,把不同的方法结合起来,构成一个优势互补、复合协同或综合集成的智能应用系统,已经成为当前的一个研究与发展热点。CI 特别是 AI+CI 的复合协同方式为在更高层次上实现计算机智能化提供了新方法,展现了一个大有希望的新的研究与发展方向。

1.2　智能信息处理的主要技术

将人工智能理论应用于信号与信息处理领域所实现的各种技术即为智能信息处理技术。为此可以得出这样的结论:上述人工智能的主要研究内容和研究领域中凡涉及信号与信息处理的内容都属于智能信息处理技术的研究范畴。目前智能信息处理技术主要可划分为知识表示技术、知识推理技术、知识获取技术及规划技术等。

1.2.1 知识表示技术

人掌握的知识越多，其智力和创造力可能就越强。人类专家的专业知识是其具有解决实际问题能力的基础。在计算机中按一定规律存储某一领域的专业知识，就可构成一个知识库，这样就可能支撑计算机实现一定的解决实际问题的智能。因此，研究各种知识的表示方法就显得十分重要，知识表示的主要方法有以下四种。

（1）逻辑表示法。逻辑表示法是指在知识的逻辑表示中，用一阶段谓词逻辑进行表示。

（2）产生或规则表示法。产生或规则表示法用于表达专业领域的启发式知识或经验知识，是基于规则的表示方法。

（3）语义网络表示法。语义网络表示法是一种图式，由节及节点间带标记的连接弧组成。网络的节点用来表示事件、对象、概念等实体，连接弧表示节点间的关系，并用标记来说明其语义关系。知识就是通过事件、对象及概念之间有语义关系的网络来表示的。

（4）框架表示法。框架表示法指把有关对象、事件、状况等实体的语义知识按项目栏组织起来，每个项目又设置多个子项目栏，每个子项目栏再由特性和特性值来描述。

1.2.2 知识推理技术

人类专家在求解复杂问题时，经常要选择相关的知识并灵活运用，通过推理获得问题的解答，推理是从已知事实推演出新事实的过程。

知识推理技术主要研究如何有效地选择知识，并通过推理方法来运用知识。目前主要有基于确定性知识的推理技术和基于不确定性知识的推理技术。

1.2.3 知识获取技术

人通过学习、培训等方式不断获取新的知识。计算机通过输入人类专家、书及资料的知识，将其存入知识库的过程就是知识获取的过程。目前，获取知识的主要方法有以下几种。

(1)人工方法获取知识。将人类专家解决问题的经验知识等,进行知识表示及编码,构造成知识库,输入计算机。

(2)基于编辑工具获取知识。按规定的格式将知识输入到编辑器中,就能自动将知识转换成知识库的编码格式,构造成知识库。

(3)基于归纳程序自动获取知识。归纳程序运行时可对数据库、书、资料及图纸中的知识进行自动学习,提取所需知识后自动完成编码,构造成知识库。

1.2.4 规划技术

人们在完成一项任务之前,需根据所要达到的目标、具备的客观条件及必须满足的基本要求,预先制定一个行动计划,这一过程就是规划。规划技术就是研究模拟人脑进行安排计划过程的方法。

从另一个角度来说,智能信息处理技术就是以数字信号为对象,针对数字信号不同应用需求进行的各种智能处理。因此也可以从数字信号处理的应用需求来了解信息智能处理技术的应用。

数字信号处理是20世纪60年代,随着信息学科和计算机学科的高速发展而迅速发展起来的一门新兴学科。1965年库利和图基发表的论文《用机器计算复序列傅里叶级数的一种算法》,标志着这一学科的正式诞生。所谓的数字信号处理,就是把信号用数字或符号表示成序列,通过计算机或通用(专用)信号处理设备,用数值计算方法进行各种处理,达到提取有用信息以便应用的目的。数字信号处理与模拟信号处理是信号处理的子集,可以依据采样定理不失真地相互转换。数字信号处理技术及设备具有灵活、精确、抗干扰强、设备尺寸小、造价低、速度快等突出优点,这些都是模拟信号处理技术和设备所无法比拟的,因此,现代信号处理技术主要以数字信号处理技术为主。

智能信息处理技术的应用领域大致包括如下几个方面。

(1)一维信号智能处理与识别,如语音信号的识别与合成,心电图、脑电图异常波形检测和病变波形识别等。

(2)二维图像处理与识别,如二维图像的压缩、分割与识别,B超图像、CT图像及磁共振图像中病变的自动识别等。

(3)优化问题的智能化处理。

(4)自然语言理解,如高准确度、强适应性语言理解及翻译等。

(5)机器人视觉,如自动识别三维景物,接近人眼视觉功能等。

(6)手写文字识别,如各种语言的手写文字的高准确率识别等。

(7)移动通信系统智能信息处理。

(8)高速数字通信系统智能信息处理。

(9)基于 DSP 的智能信息处理模块。

目前,信息智能处理技术越来越受到人们的重视,但是该技术的研究成果较为分散。同时由于该技术的前沿性,一些理论和算法在理解上具有一定的难度。为此,有必要对智能信息处理技术的发展现状进行全面的归纳总结,系统而详细地介绍相关理论和算法,使该领域的研究人员,特别是初涉该领域的读者能够全面而深入地理解该技术,在实际应用中尽快掌握该技术。本书在写作方面特别注重基本理论知识的细化,所有算法给出了MATLAB 语言仿真示例和研究成果实例,可帮助读者更好地理解和掌握智能信息处理技术。

1.3 智能技术的综合集成

1.3.1 神经网络和遗传算法的结合

神经网络(Neural Network,NN)和遗传算法(Genetic Algorithm,GA)都是将生物学原理应用于科学研究的仿生学理论成果,但二者来源并不相同。GA 是从自然界生物进化机制获得启示的,而 NN 则是人脑若干基本特性的抽象和模拟。因此,它们在信息处理时间上存在较大的差异。通常,神经系统的变化只需极其短暂的时间,而生物的进化却需以世代的尺度来衡量。近年来,已有越来越多的研究人员尝试着将 GA 与 NN 相结合进行研究,希望通过结合充分利用两者的长处,寻找一种有效解决问题的方法,同时,也借助这种结合使得人们更好地理解学习与进化的相互作用关系。有关这一主题已成为人工生命领域中十分活跃的课题。

NN 和 GA 的结合表现在以下两个方面:

(1)辅助式结合,比较典型的是用 GA 对信息进行预处理,然后用 NN求解问题,比如在模式识别中先利用 GA 进行特征提取,而后用 NN 进行分类,即直接利用 GA 优选 NN 的结构,然后用 BP 算法训练网络。

(2)合作方式结合,即 GA 和 NN 共同求解问题,是在固定神经网络拓扑结构的情况下,利用 GA 研究网络的连接权重。

1.3.2 模糊技术、神经网络和遗传算法的综合集成

遗传算法是一种基于生物进化过程的随机搜索的全局优化方法,它通过交叉和变异大大减小了系统初始状态的影响,使得搜索到最优结果而不停留在局部最优处。

遗传算法不仅可以优化模糊推理神经网络系统的参数,而且可以优化模糊推理神经网络系统的结构,即采用 GA 可以剪去冗余的隶属函数,得到模糊推理神经网络的优化的分层结构,产生简化的模糊推理神经网络结构(规则、参数、数值、隶属函数等)。

模糊技术[又称模糊逻辑(Fuzzy Logic,FL)]、神经网络和遗传算法三者的合理融合,其优势将得到大幅度提升。比如,用 FL、NN 和 GA 综合集成一个神经网络推理、控制和决策智能信息处理系统,可以用 GA 调节和优化具有全局性的网络参数和结构,用神经网络学习方法调节和优化具有局部性的参数,这样,GA 作为一种粗优化或离线学习过程,用 NN 学习作为一种细优化或在线学习过程,这两种方法综合使用可以大大提高模糊神经网络系统的性能。

1.3.3 分形与混沌:孪生兄弟

20 世纪 70 年代,由于计算机科学的飞速发展,非线性科学出现了一对孪生兄弟:混沌与分形。今天,混沌与分形的结合日益紧密。事实上,混沌吸引子就是分形集。混沌事件在时间标度上表现了相似的变化模式,分形在空间标度上表现出相似的结构模式,它们表明混沌与分形之间有密切的关系。混沌是演化的科学,分形是存在的科学;混沌是过程在一些地方形成了某种环境(如海岸、大气、地质断层等),就很可能留下分形结构(海岸、云、岩层等)。混沌与分形的蓬勃发展主要是人们的智力与计算技术完善的有机结合。

1.3.4 计算智能展望

计算智能作为一门新兴学科,在理论上还很不成熟,目前国际上计算智能研究主要有以下几个方面的结合:

(1)神经网络与模糊系统和进化计算的结合。

(2)神经网络与模糊及混沌三者的结合。

(3)神经网络与近代信号处理方法小波、分形的结合。

（4）专家系统与模糊逻辑、神经网络的结合，以便有效地模拟人脑的思维机制，使人工智能导向生物智能。

计算智能信息处理和智能模拟系统要研究的内容十分丰富，目前正向纵深方向发展。为此，需要建立计算智能研究的综合集成环境，研究支持计算智能发展的集成开发环境，建立高度的智能化处理系统。

1.4　智能信息处理技术的展望

智能信息处理是计算机科学中的前沿交叉技术，其目标是处理海量和复杂信息，研究新的、先进的理论和技术。智能信息处理不仅有很高的理论研究价值，而且对于国家信息产业的发展乃至整个社会经济建设、发展都具有极为重要的意义。研究具有认知机理的智能信息处理理论与方法，探索认知的机制，建立可实现的计算模型并发展应用，可带来未来信息处理技术突破性的发展。

现阶段智能信息处理技术领域呈现两种发展趋势：

（1）面向大规模、多介质的信息，使计算机系统具备处理更大范围信息的能力；

（2）与人工智能进一步结合，使计算机系统更智能化地处理信息。

除此之外，智能信息处理技术也越来越多与 Web 技术结合，根据分布式技术发展智能信息处理技术。

第 2 章　模糊信息处理技术

本章从模糊信息处理的角度出发,着重介绍了模糊信息处理的相关技术,这些新兴的处理方法构成了智能信息处理系统的基础,是智能信息发展的基石。

2.1　模糊理论基础

2.1.1　模糊集的基本概念及表示形式

不难发现,模糊现象在自然界是普遍存在的。人脑的特别之处在于对客观事物的模糊测量本领,一般生活中表示度量的量都是模糊量,那么如何采用数学的方法来描述它? 正如用非经典理论来描述非模糊现象,对待模糊现象的描述则是利用模糊集和理论。与经典集合理论相对应,模糊集合理论里面使用论域 X。已知,在经典集合理论中 A 可以用其特征函数 (Characteristic Function) $\chi_A(x) = \begin{cases} 1 & x \in A \\ 0 & x \notin A \end{cases}$ 唯一确定:即 $x \in A$ 和 $x \notin A$ 有且只有一个成立,其界限非常清晰,没有一点含糊。然而模糊现象的分界则非常含糊。如在天气预报中,我们常听到"天气凉爽"和"天气炎热",然而在实际中下列的说法总有些不切实际:"若温度超过 30℃,代表天气炎热,反之则是天气凉爽"。然而实际上在"凉爽"与"炎热"之间并没有非常明确的界限,中间有一个过渡区域,在其中要做出具体的判断,则显得似是而非,亦此亦彼。因此为了进行模糊现象的刻画,有必要将上述特征函数中离散的两点 0、1 扩充为连续状态的区间 [0,1],这样,我们就将普通集合的特征函数扩展为模糊集的隶属函数(Membership Function)。

定义 2.1.1　设 $\tilde{A}$ 是论域 X 到 [0,1] 的一个映射,即 $\tilde{A}: X \to [0,1]$; $x \to \tilde{A}(x)$,则称 $\tilde{A}$ 是 X 上的模糊集,而函数 $\tilde{A}(\cdot)$ 称为模糊集 $\tilde{A}$ 的隶属函数,$\tilde{A}(x)$ 称为 x 对模糊集 $\tilde{A}$ 的隶属度(Membership Degree)。

为了区别计算,我们将普通集合称为分明集(Crisp Set),并用 A,B,C,

……来表示，而模糊集则用 $\tilde{A},\tilde{B},\tilde{C}$ 等表示。当然也可以将分明集看作是只取 0 和 1 两值的特例。因此在将特征函数扩展为隶属函数的情况下，就可以将普通集合扩展为模糊集合。

为方便读者理解，下面举出一个模糊集的例子。

例 2.1.1 设论域 $X = [0,100]$ 表示人的寿命，单位为：年，模糊集 $\tilde{A}$ 表示"年老"，模糊集 $\tilde{B}$ 表示"年轻"。Zadeh 给出表示"年老"和"年轻"的模糊集 $\tilde{A},\tilde{B}$ 的隶属函数如下：

$$\tilde{A} = \begin{cases} 0 & 0 \leqslant x \leqslant 50 \\ \left(1 + \left(\dfrac{x-50}{5}\right)^{-2}\right)^{-1} & 50 \leqslant x \leqslant 100 \end{cases}$$

$$\tilde{B} = \begin{cases} 1 & 0 \leqslant x \leqslant 25 \\ \left(1 + \left(\dfrac{x-25}{5}\right)^{2}\right)^{-1} & 25 \leqslant x \leqslant 100 \end{cases}$$

如，一个人的年龄为 $x = 80$ 岁，则他对表示"年老"概念的模糊集 $\tilde{A}$ 的隶属度为 0.973，对表示"年轻"概念的模糊集 $\tilde{B}$ 的隶属度为 0.008。

对于模糊集的表示方法，一般可以分为：

(1)序对表示法：$\tilde{A} = \{(x,\tilde{A}(x)) \mid x \in X\}$；

(2)矢量表示法：当 X 为有限集时，$\tilde{A} = \sum \dfrac{\tilde{A}(x_i)}{x_i}$ 或者 $\tilde{A} = (\tilde{A}(x_1), \tilde{A}(x_2),\cdots,\tilde{A}(x_n))$。

如 $\tilde{A} = \dfrac{0.1}{7} + \dfrac{0.5}{8} + \dfrac{0.8}{9} + \dfrac{1.0}{10} + \dfrac{0.8}{11} + \dfrac{0.5}{12} + \dfrac{0.1}{13}$，$\tilde{A}$ 中的元素越接近 10，其隶属度越大，因此该模糊集表示"近似于 10"的概念。

当 X 为无限集时，$\tilde{A} = \int \dfrac{\tilde{A}(x)}{x}$。

上述的"求和"和"积分"符号并非一般意义上的积分和求和，而只是一种表示方式。

隶属函数是非常重要的模糊理论概念，一般而言在实际应用中主要用到以下三类隶属函数：

(1) S 函数（偏大型隶属函数）。

$$S(x;a,b) = \begin{cases} 0 & x \leqslant a \\ 2\left(\dfrac{x-a}{b-a}\right)^{2} & a \leqslant x \leqslant \dfrac{a+b}{2} \\ 1 - 2\left(\dfrac{x-a}{b-a}\right)^{2} & \dfrac{a+b}{2} < x \leqslant b \\ 1 & b \leqslant x \end{cases} \qquad (2\text{-}1\text{-}1)$$

式中，a,b 为待定的集合参数，下同。这类隶属函数用以表示像年老、热、高、浓等表示偏向较大的一方的模糊现象，见图 2-1(a)。如："年老"可以定义为 $\widetilde{A}$：$\widetilde{A} = S(x;50,70)$。

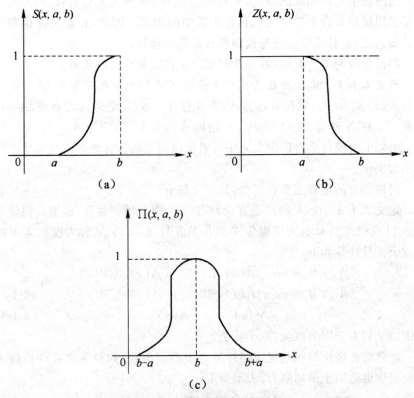

图 2-1　三种常用的隶属函数

(2) Z 函数(偏小型隶属函数)。

$$Z(x;a,b) = 1 - S(x;a,b) \qquad (2\text{-}1\text{-}2)$$

这类隶属函数一般表示如年轻、冷、矮、淡等偏向小的一方的模糊函数，如图 2-1(b)。

(3) $\prod$ 函数(中间型隶属函数)。

$$\prod(x;a,b) = \begin{cases} S(x;b-a,b) & x \leqslant b \\ Z(x;b,b+a) & x > b \end{cases} \qquad (2\text{-}1\text{-}3)$$

这类隶属函数一般表示如中年适中、平均等趋于中间的模糊现象，如图 2-1(c)。

2.1.2 模糊集合的基本运算

之所以引入模糊度的概念,并且将分明集合扩展为模糊集合,其主要目的是要用模糊集合来解决我们日常生活中的问题。因此,在定义完模糊集合的概念之后,必须要搞清楚模糊集合的基本运算。

同经典分明集合类似,首先我们要定义模糊集合的序关系。

定义 2.1.2 设 $\tilde{A}$ 和 $\tilde{B}$ 为定义在论域 X 上的两个模糊集合,若 $\forall x \in X$ 使 $\tilde{A}(x) \leqslant \tilde{B}(x)$,则称 $\tilde{B}$ 包含 $\tilde{A}$,或 $\tilde{A}$ 包含于 $\tilde{B}$,并记为 $\tilde{A} \subset \tilde{B}$ 或 $\tilde{B} \Leftrightarrow \tilde{A}$;而若 $\forall x \in X$ 使得 $\tilde{A}(x) = \tilde{B}(x)$,则称 $\tilde{A}$ 与 $\tilde{B}$ 相等,记为 $\tilde{A} = \tilde{B}$。

由以上对模糊集合的定义之中可看出模糊集的包含关系由其隶属度的大小来决定。

模糊集合的运算主要有三个,其定义如下:

定义 2.1.3 设 $\tilde{A}$ 和 $\tilde{B}$ 是在论域 X 上的两个模糊集合,这里我们分别将 $\tilde{A} \cup \tilde{B}$ 和 $\tilde{A} \cap \tilde{B}$ 称为模糊集 $\tilde{A}$ 和 $\tilde{B}$ 的并与交,而将 $\tilde{A}^c$ 称为模糊集 $\tilde{A}$ 的补或余。其计算如下:

$$\tilde{A} \cup \tilde{B} = \max\{\tilde{A}(x), \tilde{B}(x)\} = \tilde{A}(x) \vee \tilde{B}(x) \tag{2-1-4}$$

$$\tilde{A} \cap \tilde{B} = \max\{\tilde{A}(x), B(x)\} = \tilde{A}(x) \wedge \tilde{B}(x) \tag{2-1-5}$$

$$\tilde{A}^c(x) = 1 - \tilde{A}(x) \tag{2-1-6}$$

式中的 $\vee$ 和 $\wedge$ 分别为取大、取小算子。

经典集合理论的一些定律同样适合于模糊集合,如经典集合理论德·摩根定律也适用于模糊集合,表示如下:

$$(\tilde{A} \cap \tilde{B})^c = \tilde{A}^c \cup B^c \tag{2-1-7}$$

$$\tilde{A} \cup \tilde{B} = \max\{\tilde{A}(x), B(x)\} = \tilde{A}(x) \vee \tilde{B}(x) \tag{2-1-8}$$

然而经典集合的排中律并不适用于模糊集合中,这是由于模糊集合之间会有重叠,且模糊集与其他补集之间也有重叠。即:

$$\tilde{A} \cup \tilde{A}^c \neq x \tag{2-1-9}$$

$$\tilde{A} \cap \tilde{A}^c \neq \phi \tag{2-1-10}$$

这也正是模糊的所在。经典集合通常有三种算子,即 $\cup$、$\cap$ 和"取非运算"。然而在模糊集理论中,其运算往往不仅复杂,而且要比经典集合多得多,凡是能够满足下面定义的运算都可以称之为模糊集的算子。

定义 2.1.4 若 $\forall a, b, c, d \in [0,1]$,对于映射 $T:[0,1]^2 \rightarrow [0,1]$,有下列条件成立:

(1) $T(0,0) = 0, T(1,1) = 1$;

(2)若 $a \leqslant c, b \leqslant d$,则 $T(a,b) \leqslant T(c,d)$;

（3）$T(a,b)=T(b,a)$；

（4）$T(T(a,b),c)=T(a,T(b,c))$

则称其为模糊算子。

模糊算子也称为三角模或者三角模算子。若 T 为模糊算子,且 $\forall a[0,1],T(a,1)=a$,则称 T 为 t 模;若三角模 T 满足：$\forall a[0,1],T(0,a)=a$,则 T 称为 s 模。我们可以看出,并运算 $\cup$ 是 s 模算子,而交运算 $\cap$ 是 t 模算子。

2.1.3　模糊关系及其合成

在自然界中,事物之间存在着各种各样的关系,其中有的关系非常明确,例如"父子关系"等。但是有的关系,例如"照片与本人的关系"、信息处理中各种"相近"关系等无法用简单的"有"或"无"即"1"和"0"来刻画,所以必须将关系的程度由 0 和 1 两个离散值扩展到区间 $[0,1]$,即用模糊理论来描述,这就是模糊关系。模糊关系的正式定义为：

定义 2.1.5　设 X,Y 为论域,若 $\bar{R}$ 为定义在 $X\times Y$ 上的模糊集,则称 $\bar{R}$ 是 X 到 Y 的模糊关系;对于 $x\in X,y\in Y,\tilde{R}(x,y)$ 刻画了 x 与 y 的相关程度。如果 $\bar{R}$ 是限制在 $X\times Y$ 上的分明集,则此时 $\bar{R}$ 即变成普通的关系,所以模糊关系是经典关系的推广。

由定义可以看出,模糊关系实质上也是一种模糊集,所以有关模糊集的一切性质和运算对于模糊关系也是成立的,除了按照模糊集进行的运算外,模糊关系还有一些特殊的运算,如合成运算等。

下面给出模糊关系的合成运算的定义。

定义 2.1.6　设 $\tilde{R}$ 和 $\tilde{S}$ 分别是 $U\times V$ 和 $V\times W$ 上的模糊关系,则 $\tilde{R}$ 和 $\tilde{S}$ 的合成 $\tilde{R}\cdot\tilde{S}$ 定义为 $U\times W$ 上的一个模糊关系,其定义如下：

$$\mu_{\tilde{R}\cdot\tilde{S}}(u,w)=\bigvee_{v\in V}(\mu_{\tilde{R}}(u,w)\wedge\mu_{\tilde{S}}(u,w)) \tag{2-1-11}$$

模糊蕴涵是一类特殊的模糊关系,它可以理解为一条模糊"if-then"推理规则,是本章后面所介绍的模糊逻辑推理系统中必不可少的重要组成部分,因此这里首先介绍一下模糊蕴涵的定义。

定义 2.1.7　设 $\tilde{R}$ 和 $\tilde{S}$ 分别为对应在 U 和 V 上的模糊集,则由 $\tilde{R}\to\tilde{S}$ 所表示的模糊蕴涵是定义在 $U\times V$ 上的一个特殊的模糊关系,其隶属函数定义如下：

模糊与：　　　$\mu_{\tilde{R}\to\tilde{S}}(u,v)=T(\mu_{\tilde{R}}(u),\mu_{\tilde{S}}(v))$ 　　　(2-1-12)

模糊或：　　　$\mu_{\tilde{R}\to\tilde{S}}(u,v)=S(\mu_{\tilde{R}}(u),\mu_{\tilde{S}}(v))$ 　　　(2-1-13)

实质蕴涵：　　$\mu_{\tilde{R}\to\tilde{S}}(u,v)=S(\mu_{\tilde{R}^c}(u),\mu_{\tilde{S}}(v))$ 　　　(2-1-14)

式中 $T(\cdot)$ 和 $S(\cdot)$ 分别表示 t 模和 s 模。

2.1.4 隶属函数的确定方法

隶属函数是模糊理论中最重要的概念之一,在实际应用中处理模糊现象的首要任务是确定隶属度函数。模糊集合间的运算归根到底是模糊隶属度的运算。一个模糊集的隶属函数确定下来,则该模糊集不再具有模糊性,即确定一个模糊集的隶属函数的过程实际是一个模糊集的解模糊的过程。

在介绍隶属函数的确定方法之前,首先定义隶属函数的核和支撑集的概念。

定义 2.1.8 设 $\widetilde{A}$ 为定义在论域 X 上的模糊集,$\widetilde{A}$ 中所有隶属度不为 0 的元素的集合称作 $\widetilde{A}$ 的支撑集,即,记 $\sup p(\widetilde{A}) = \{x \in X \mid \widetilde{A}(x) > 0\}$,称 $\sup p(\widetilde{A})$ 为 $\widetilde{A}$ 的支撑集。模糊集 $\widetilde{A}$ 的核就是 $\widetilde{A}$ 中所有隶属度为 1 的元素的集合,即,若 $\ker(\widetilde{A}) = \{x \in X \mid A(x) = 1\}$,则称 $\ker(\widetilde{A})$ 为模糊集 $\widetilde{A}$ 的核。

下面给出几种在实际中常用的确定模糊集隶属函数的方法。

(1)模糊统计法。这种方法与概率统计有着相似之处。通常一个模糊统计实验有以下四个要素:

①论域 X。

②实验所处理的论域 X 的固定元素 x_0。

③论域 X 的可变动子集 A_*,它作为模糊集 $\widetilde{A}$ 的有可塑性边界的反映,可由此得到每次实验中确是否符合 $\widetilde{A}$ 所刻画的模糊概念的一个判决。

④条件集 C,它限制 A_* 的变化。

一个模糊统计实验的基本要求是:在进行每一次实验时,首先要对 x_0 是否属于 A_* 做出比较确定的判断,而 A_* 在每次实验中都可以发生改变,也就是说 A_* 具有极强的可塑性,但仍然是 X 的子集。

设进行 n 次实验,则 x_0 对于模糊集 $\widetilde{A}$ 的隶属度为:

$$\widetilde{A}(x_0) = \lim_{n \to \infty} \frac{\text{“}x_0 \in A_*\text{”发生的次数}}{n}$$

模糊统计实验最大的特点是在每一次实验中,x_0 的值是固定的,而 A_* 则是变化的。

(2)三分法。三分法主要是利用随机区间的思想来研究模糊模型。首先假设有三个模糊集:$\widetilde{A}_1 = $"高个子",$\widetilde{A}_2 = $"中等个子",$\widetilde{A}_3 = $"矮个子"。而 X 为身高之集,取 $X = [0,3]$(单位:m)。每进行一次试验,就要确定一次 A_{1*}, A_{2*}, A_{3*} 分别所适合的区间,从而得到集合 A_{1*}, A_{2*}, A_{3*},设 u 和

v 分别是 A_{1*} 与 A_{2*}，A_{2*} 与 A_{3*} 的边界点，则由 X 的一个部分（A_{1*}，A_{2*}，A_{3*}）得到数对 (u,v)，反之，给定数对 (u,v)，就可决定 X 的一个部分。

三分法的模糊统计实验可等价与下列随机实验：视 (u,v) 为二维随机矢量观察值，对其进行抽样，再求得 u,v 的概率分布，从而得到 A_{1*}，A_{2*}，A_{3*} 的隶属函数。

（3）借助常见的模糊分布来确定隶属函数。常见的模糊分布如上所述：S 型函数、Z 型函数和 $\prod$ 型函数。在实际问题中可根据具体的情况选用不同的形式。

此外还有二元对比排序法、角模糊集、神经网络、遗传算子、归纳推理及软分割等方法，限于篇幅，这里将不再赘述。

2.2　模糊信息与诊断模糊模型

2.2.1　模糊信息概述

2.2.1.1　模糊信息

模糊信息（Fuzzy Information）指的是通过模糊现象而获得的不精确、非定量的信息。

模糊信息并不是代表所得的信息不可靠、不真实。而是在客观世界中存在着大量的模糊现象，例如"两个人的外貌的相像""好看与否"，其界限往往是非常模糊的，此外人类的经验也是模糊的。

模糊性问题是 1965 年美国扎德（L. A. Zadeh）率先提出的。采用模糊数学的方法处理模糊信息，然后经过抽象、高度概括、综合与合理的推理，就能够得到精度较高的结论。

2.2.1.2　模糊子集

Zadeh 在 1965 年对模糊子集的定义如下：

给定论域 U，U 到 $[0,1]$ 区间的任一映射，即

$$A:U \rightarrow [0,1]$$
$$u \rightarrow A(u)$$

称 A 为 U 的一个模糊子集，函数 $A(\cdot)$ 称为模糊子集 A 的隶属函数。$A(u)$ 称为 u 对模糊子集 A 的隶属度。在有些情况下，模糊子集也可以称为模糊

集合或者模糊集。

设某流量的论域为

$$U = \{80,90,100,110,120,130,140,150,160,170,180,190,200,210,$$
$$220,230,240,250,260,270,280\}$$

模糊子集选 7 个语言值为 $\{U1,U2,U3,U4,U5,U6,U7\}$ 其中:$U1 =$ 很小,$U2 =$ 小,$U3 =$ 较小,$U4 =$ 中等,$U5 =$ 较大,$U6 =$ 大,$U7 =$ 很大。

2.2.1.3 模糊数学

模糊数学也称 Fuzzy 数学。"模糊"来自英文 Fuzzy 一词,它的词义是模糊、不分明。模糊数学主要用来研究模糊性现象,它是一种数学理论和方法。

模糊数学发展的主要方向是它的应用。由于模糊性概念可以用模糊集的描述方式进行描述,同时人们应用概念进行逻辑推理的过程也可以采用模糊数学的方法进行描述。这些方法构成了一种模糊性的系统理论、构成了思辨教学的基础,它已经在多个领域取得了具体的研究成果。模糊性数学最为重要的领域是计算机智能。目前已经被用于专家系统以及知识工程等领域,且在其他领域也发挥着重要作用,也获得了巨大的经济效益。

与计算机相比,人脑能够快速地处理模糊信息,并能够对模糊现象做出正确的判断。但是计算机对模糊现象的识别能力较差,为了使计算机具有更好地处理模糊信息的能力,就需要将人类常用的模糊语言有效转化为计算机能够识别的机器语言或者程序,从而提高了计算机自动识别的效率。因此,发展模糊数学是非常有必要的。

2.2.1.4 模糊理论

模糊理论(Fuzzy Theory)是指引用模糊集合的基本概念或者连续隶属度函数的理论。

经过不断地摸索与发展,现在模糊理论发展了 5 个分支,分别是模糊数学、模糊系统、不确定性、信息和模糊决策等,这五类分支之间并不是孤立的,而还有着紧密的内在联系。例如,模糊控制中常常用到模糊数学与模糊逻辑的概念。

从现实出发,模糊理论的应用主要体现在模糊系统方面,其中最主要的部分集中在模糊控制上。此外也有一些模糊专家系统在医疗系统与决策支持领域有着良好的应用。由于模糊理论的研究还处于初级阶段,因此它还是一个新的事物,因此人们期望,随着模糊理论的不断发展由此而出现更多的有价值的应用。

2.2.1.5 模糊控制

(1)模糊控制基础

模糊控制的基本思路是通过计算机来实现人的控制经验,而这些经验多是用语言表达的具有相当模糊性的控制规则。模糊控制器(Fuzzy Controller,FC)之所以发展迅速,是因为它具有如下几个特点。

①模糊控制是建立在规则之上的控制,它是通过语言而实现的控制,一般而言它主要依赖工作人员的经验与专家的知识,因而不需要在设计中建立被控对象的精准的数学模型,因此其应用更为广泛。

②从工业的角度出发,容易建立语言控制规则,因此模糊控制也非常适用于一些比较复杂的场合。

③基于模型的控制算法与系统设计的方法极容易造成较大的偏差,然而一个系统的语言控制规则却有着很强的独立性,所以控制效果也就更加优异。

④模糊控制算法是基于启发性的知识与语言的决策规则而设计的,因此它可以模拟人工控制,从而更好地适应环境。

⑤由于模糊控制系统具有极强的鲁棒性,因此外界对它的影响也被大大削弱,所以特别适用于非线性、时变以及纯滞后系统的控制。

(2)模糊控制的特点

①模糊控制操作简单,在很多领域有着巨大的优势。

②利用控制法则来描述系统变量之间的关系。

③采用语言模式来描述系统而不用数值,这么做的优点是模糊控制器不需要对控制对象建立完整的数学模式。

④模糊控制器的最大优点是语言控制,在语言控制系统之下操作人员能够方便的与进行人机对话,实现完美的控制。

⑤模糊控制器是目前应用最为广泛的非线性控制器,它具有非常强的适应能力及强健性(Robustness)、较佳的容错性(Fault Tolerance)。

2.2.2 模糊研究内容与应用

2.2.2.1 研究内容

现代计算机的计算能力非常强大,它不仅能够解决数学问题,还能够控制航天飞机。虽然计算机的计算能力非常强大,但是在具体的问题面前却不及人脑,关于这一点,美国加利福尼亚大学的 Zadeh 教授做过认真的研究。他在 1965 年发表了论文《模糊集合论》,用"隶属函数"来描述现象差异的中间过渡状态,从而突破了传统的属于或者不属于的绝对关系。从此模糊数学这门学科诞生了。

(1)模糊数学的研究内容

模糊数学是一门综合性的学科,它所研究的对象主要有如下三个方面。

①研究模糊数学的理论,以及它和精确数学、随机数学的关系。

Zadeh 以精确的数学集合作为理论基础,并在此基础之上进行了修改与普及。他用"模糊集合"来建立模糊事物的数学模型,并在此基础上,发展了相关的运算法则、逻辑规则,因此在对复杂事物进行定量描述与处理成为可能。

②研究模糊语言学和模糊逻辑。人类的语言中有很多是表示模糊性的,然而人类在进行沟通时,模糊性的语言并不会阻碍人们的判断,因为人类能够正确的判断模糊语言。

如果要实现人与计算机无障碍的沟通,首先要将人类的语言与思维模式转化为可以用数字表示的数学模型,然后通过计算机指令建立合适的模糊数学模型。

为了使计算机无限的接近人类思维,就需要在多值逻辑的基础上进行研究模糊逻辑。然而,目前人们对模糊逻辑的研究还不成熟,因此还需要更加深入的研究。

③研究模糊数学的应用。模糊数学以不确定性为研究对象,使确定对象与不确定对象建立了关系,弥补了精确数学与随机数学的不足之处。目前模糊数学已经发展了多个分支,如模糊拓扑学、模糊群论、模糊图论、模糊概率、模糊语言学等分支。

(2)模糊控制理论主要研究内容

模糊控制理论主要研究:模糊控制稳定性、模糊模型的辨识、模糊最优控制、模糊自适应控制及与其他控制相结合等内容。

2.2.2.2 应用

(1)模糊数学应用

模糊数学是一门新兴学科,它的应用已经非常广泛,目前它已经在多个领域得到初步的发展,然而模糊数学最重要的领域仍然是计算机智能。

(2)模糊控制系统应用

模糊控制是在现代控制理论的基础之上,结合了自适应控制技术、人工智能技术、神经网络技术的优点,因此在控制领域得到了良好的应用。其中比较著名的有 Fuzzy-PID 复合控制、自适应模糊控制以及参数自整定模糊控制等。

2.2.3　诊断模糊模型

在实际中,诊断问题常与时间参数有关系,然而诊断知识并不完备,那么怎么样能够在知识并不完备的条件下,既能检测到潜在的故障,又能得到与实际最为匹配的解?下面我们来讨论逐步求精的诊断模型,该模型主要用于具有递解结构的系统的各个层次。

2.2.3.1　问题描述

诊断问题 p 定义为一个七元组

$$p = \langle D, M, R, M^{\cdot}(\hat{D}, t+k), M^-(D, t+k), M^+(t_0+i) M^-(t_0+i) \rangle$$

其中:

(1) $D = \{d_1, d_2, \cdots, d_q\}$ 表示给定系统的单故障集, $A = \langle \hat{D}_1, \hat{D}_2, \cdots, \hat{D}_p \rangle$ 表示该系统的故障模式集,则有 $D \subseteq A \subseteq \Gamma$,其中 Γ 表示由该系统的所有单故障构成的全组合。集合 Γ 和 D 的基数分别表示为 $|\Gamma|$ 和 $|D|$,则 $|\Gamma| = 2^{|D|}$。下文所提到的故障是指故障模式,故障集也就是故障模式集。

(2) $M = (m_1, m_2, \cdots, m_q)$ 表示给定系统的征兆集。

(3) $M^+(\hat{D}_j, t+k)$、$M^-(\hat{D}_j, t+k)$、$\hat{D}_j \in A$、$k = 0, 1, \cdots, n$ 分别表示系统在 t 时刻发生故障 $\hat{D}_j$ 后,在 $t+k$ 时刻系统必然出现的征兆、必然不出现的征兆集,且有

$$M^+(\hat{D}_j, t+k) \bigcap M^-(\hat{D}_j, t+k) = \Phi$$

定义 2.2.1　一个系统,若 $\hat{D}_j \in A$、$k = 0, 1, \cdots, n$、$M^+(\hat{D}_j, t+k) \bigcap M^-(\hat{D}_j, t+k) = M$,则称该系统的诊断知识是充分的;否则,是不充分的。

若视 $M^+(\hat{D}_j, t+k)$ 和 $M^-(\hat{D}_j, t+k) = M$ 为模糊子集,其隶属函数分别表示为 $_\mu M^+(\hat{D}_j, t+k)(mf)$、$_\mu M^-(\hat{D}_j, t+k)(mf)$。若 $_\mu M^+(\hat{D}_j, t+k)(mf) = _\mu M^-(\hat{D}_j, t+k)(mf) = 0$,则表示对 $\hat{D}_j$ 和 mf 的映射关系一无所知。

(4) $M^-(t_0+i)$、$M^-(t_0+i)$、$i = 1, 2, \cdots, m$ 分别表示在 t_0+i 时刻系统出现的征兆、没有出现的征兆的模糊子集,其隶属函数分别为表示 m_j 在 t_0+i 时刻的情况一无所知。在精确集合下有 $i = 1, 2, \cdots, m$,$M^+(t_0+i) \bigcap M^-(t_0+i) = \Phi$。

(5) $\mu_{t_0+i}(t+k)$、$k=0,1,\cdots,n$、$i=0,1,\cdots,m$ 表示在时间轴上时刻 $t+k$ 对时刻 t_0+i 的隶属函数或接近程度。

(6) $R\subseteq A\times M$ 是定义在 $A\times M$ 上的模糊关系子集,对于每一对 $(\overset{\wedge}{D_j},mf)$、$\overset{\wedge}{D_j}\in A$、$mf\in M$,$R(\overset{\wedge}{D_j},mf)$ 为一有序集 $(_{\mu M^+}(\overset{\wedge}{D_j},t+k_1)(mf),t+k_1,_{\mu M^-}(\overset{\wedge}{D_j},t+k_2)(mf),t+k_2$。若 $R_1\subseteq D\times M$,显然 $R_1\subseteq R$。

若一个故障模式 $\overset{\wedge}{D_j}$ 中的单个故障集之间不存在互相干扰,那么这一故障模式的征兆集则表示单故障的征兆集的并集。

$$M^+(\overset{\wedge}{D_j},t+k)=\bigcup_{d_i\in\overset{\wedge}{D_j}}M^+(d_i,t+k),M^-(\overset{\wedge}{D_j},t+k)=\bigcup_{d_i\in\overset{\wedge}{D_j}}M^-(d_i,t+k)$$

对于某一给定的系统故障集 D,如果不同单故障的同一征兆相互抵消,且某一单故障中必然不会出现的征兆集是其他故障中必然会出现的征兆集,在这些单故障同时发生的情况下,基于 $R_1\subseteq D\times M$ 的诊断模型可能会遗漏某些单故障。基于 $R\subseteq A\times M$ 的诊断模型会将发生的多个单故障作为一个故障模式来获取其征兆集,从而可避免上述情况发生。

通常,对于一个给定的系统而言,完成一个诊断但不是需要诊断求解的知识是充分的。对于任一故障模式,只需获得其征兆集的一个子集,但是必须保证该征兆子集能将其对应的故障、模式以及其他的故障模式区分开来。

定义 2.2.2

(1)在精确集合下,$\forall\ \overset{\wedge}{D_i}$、$\forall\ \overset{\wedge}{D_j}\in A$,且 $\overset{\wedge}{D_i}\neq\overset{\wedge}{D_j}$。令

$$\mathrm{DISCRIM}(\overset{\wedge}{D_i},\overset{\wedge}{D_j})=\{((M^+(\overset{\wedge}{D_i},t+k)\bigcap M^-(\overset{\wedge}{D_i},t+k))\bigcup$$
$$(M^-(\overset{\wedge}{D_i},t+k)\bigcap M^+(\overset{\wedge}{D_i},t+k))\}$$

若 $\mathrm{DISCRIM}(\overset{\wedge}{D_i},\overset{\wedge}{D_j})\neq\Phi$,则该系统的诊断知识是完备的。

(2)在模糊集合下 $\forall\ \overset{\wedge}{D_i}$、$\forall\ \overset{\wedge}{D_j}\in A$,且 $\overset{\wedge}{D_i}\neq\overset{\wedge}{D_j}$

$$\mu\mathrm{DISCRIM}(\overset{\wedge}{D_i},\overset{\wedge}{D_j})=\max\{\min(\mu_{M^+}(D_{i,t}+k_1)(mf),\mu_{M^-}(D_{i,t}+k_1)(mf)),$$
$$\min(\mu_{M^-}(\overset{\wedge}{D_{i,t}}+k_1)(mf),\mu_{M^+}(\overset{\wedge}{D_{j,t}}+k_1)(mf))\}$$

令 $\mu\mathrm{complete}=\min\{\mu\mathrm{DISCRIM}(\overset{\wedge}{D_i},\overset{\wedge}{D_j})),\forall\ \overset{\wedge}{D_i}$、$\forall\ \overset{\wedge}{D_j}\in A$,且 $\overset{\wedge}{D_i}\neq\overset{\wedge}{D_j}$,当 $\mu\mathrm{complete}>0$ 时该系统的诊断知识是完备的。实际中,给定一个阈值,当 $\mu\mathrm{complete}$ 大于该阈值时,认为系统的诊断知识是完备的。

命题 2.2.1 如果一个系统的诊断知识是充分的,那么该系统的诊断知识是完备的。相反则不一定成立。

命题 2.2.2　如果一个系统的诊断知识是完备的,那么在系统发生故障时,对诊断问题进行求解可得到一个唯一的解释。

2.2.3.2　诊断模型

(1)一致性诊断

已知 $M^-(t_0+i)$、$M+(t_0+i)$、$i=0,\cdots,m$,一致性诊断就是寻找一故障 $\hat{D}_t$,$\hat{D}_t$ 中的任一故障都与已知的征兆集不矛盾。不矛盾主要体现在两个方面:其一是 $\hat{D}_t$ 中任一故障所对应的必然出现的征兆集 $M^+(\hat{D}_j,t+k)(k=0,\cdots,n)$ 与已知没有出现的征兆集 $M^-(\hat{D}_j,t+k)(i=0,\cdots,m)$ 的交集为空集;二是该故障所对应的必然不出现的征兆集 $M^-(\hat{D}_j,t+k)(k=0,\cdots,n)$ 与已知出现的征兆集 $M^+(\hat{D}_j,t+k)(i=0,\cdots,m)$ 的交集为空集,在精确集合下表示为:

$$\hat{D}_{t\_\text{crisp}} = \{ \forall \hat{D}_j \in A \, \forall k=0,\cdots,n, M^+(\hat{D}_j,t+k) \bigcap M^-(t_0+i) = \Phi$$
$$\text{and } M^-(\hat{D}_j,t+k) \bigcap M^+(t_0+i) = \Phi\}$$

为把精确集合下 $F \bigcap G \neq \Phi$ 扩展到模糊集合下,定义了一个 cons 算子

$$\text{cons}(F,G) = \max(\min(\mu_F(\mu),\mu_G(\mu)))$$

定义 2.2.3　模糊子集 $M^+(\hat{D}_j,t+k)$ 和 $M^-(t_0+i)$ 一致的程度为:

$$\text{cons}(M^+(\hat{D}_j,t+k),M^-(t_0+i)) = \max(\min(\mu_{M^+}(\hat{D}_i,t+k)(mj) \times$$
$$\mu_{t_0+i}(t+k)+,\mu_{M^-}(\hat{D}_j,t+k)(mj)))$$

$M^+(\hat{D}_j,t+k)$ 和 $M^-(t_0+i)$ 一致的程度越高,那么 $\hat{D}_j$ 和 $M^-(t_0+i)$ 不一致的程度就越高,这样一来 $\text{cons}(M^+(\hat{D}_j,t+k),M^-(t_0+i))$ 是 $\hat{D}_j$ 和 $M^-(t_0+i)$ 冲突的程度。

因此, $M^+(\hat{D}_j,t+k) \bigcap M^-(t_0+i) = \Phi$ 的程度为:

$$1-\text{cons}(M^+(\hat{D}_j,t+k),M^-(t_0+i))$$

同理可得 $M^-(\hat{D}_j,t+k)$ 和 $M^+(t_0+i)$ 一致的程度,以及 $M^+(\hat{D}_j,t+k) \bigcap M^-(t_0+i) \neq \Phi$ 的程度,则 $\hat{D}_t$ 的隶属度函数 $\mu_{\hat{D}_t}(\hat{D}_j)$ 为:

$$\mu_{\hat{D}_t}(\hat{D}_j) = \min(1-\text{cons}(M^+(\hat{D}_j,t+k),M^-(t_0+i)))$$

$$1-\text{cons}(M^-(\hat{D}_j,t+k),M^+(t_0+i)) = 1-\max(\text{cons}(M^+(\hat{D}_j,t+k),$$
$$M^-(t_0+i))),$$

$$\text{cons}(M^-(\overset{\wedge}{D_j},t+k),M^+(t_0+i)) = 1 - \max_{j=1,q}(\mu_{M^+}(\overset{\wedge}{D_j},t+k)(mj))$$

$$\times \mu_{t_0+i}(t+k)+,\mu_{M^-}(\overset{\wedge}{D_j},t+k)$$

$$\times \min(\mu_{M^-}(\overset{\wedge}{D_j},t+k))$$

$$\times \mu_{t_0+i}(t+k)+,\mu_{M^+}(\overset{\wedge}{D_j},t+k)(mj)$$

$$(2\text{-}2\text{-}1)$$

式(2-2-1)表示一个在 t 时刻发生的故障 $\overset{\wedge}{D_j}$，在 $t+k$ 时刻其必然出现的征兆集 $M^+(\overset{\wedge}{D_j},t+k)$ 对 t_0+i 时刻已知没有出现的征兆集 $M^-(t_0+i)$ 的覆盖程度 $\overset{\wedge}{D_j}$ 在 $t+k$ 时刻必然不出现的征兆集 $M^-(\overset{\wedge}{D_j},t+k)$ 对 t_0+i 时刻已知出现的征兆集 $M^+(t_0+i)$ 的覆盖程度。上述两个覆盖程度越小，$\overset{\wedge}{D_j}$ 作为 $M^+(t_0+i)$ 和 $M^-(t_0+i)$ 的解释越合理。

对于已知出现的征兆集 $M^+(t_0+i)$ 和没有出现的征兆集 $M^-(t_0+i)$，$\overset{\wedge}{D_t}$ 包括所有可能的故障模式。若一故障模式的 $\mu_{\overset{\wedge}{D_t}}(\overset{\wedge}{D_j})=0$，就可以放心地将其舍掉。

需要注意的是，由于知识的不完备，有些故障与已知的征兆之间没有任何联系，然而在一致型的诊断模型中，所有的故障都应该包括在解释之中。

(2)相关性诊断

所谓相关性的诊断是指那些与已知出现的征兆、已知没有出现的征兆相关联的故障，相关性表现为在 t 时刻发生的故障 $\overset{\wedge}{D_j}$，在 $t+k$ 时刻其必然出现的征兆集 $M^-(\overset{\wedge}{D_j},t+k)$ 对 t_0+i 时刻已知出现的征兆集 $M^-(t_0+i)$ 有某种程度的覆盖，$\overset{\wedge}{D_j}$ 在 $t+k$ 时刻必然不出现的征兆集 $M^-(\overset{\wedge}{D_j},t+k)$ 对 t_0+i 时刻已知没有出现的征兆集 $M^-(t_0+i)$ 有某种程度的覆盖。

在精确集合下表示为：

$$\overset{\wedge}{D^*_{t\_crisp}} = \{\overset{\wedge}{D_j} \in \overset{\wedge}{D_{t\_crisp}}, M^+(\overset{\wedge}{D_j},t+k) \bigcap M^+(t_0+i)$$

$$\neq \Phi \text{ or } M^-(\overset{\wedge}{D_j},t+k) \bigcap M^-(t_0+i) \neq \Phi\}$$

扩展到模糊集合下的表示为：

$$\mu_{\overset{\wedge}{D^*_t}}(\overset{\wedge}{D_j}) = \min(\mu_{\overset{\wedge}{D_t}}(\overset{\wedge}{D_j})),\text{cons}(M^+(\overset{\wedge}{D_j},t+k)),M^+(t_0+i),$$

$$\text{cons}(M^-(\overset{\wedge}{D_j},t+k)),M^+(t_0+i)$$

(3)覆盖性诊断

在精确集合下，对 $\overset{\wedge}{D^*_{t\_crisp}}$ 进一步求精可得式(2-2-2)：

$$\hat{D}{}^{**}_{t\_crisp} = \{\hat{D}_j \in \hat{D}{}^{*}_{t\_crisp}, M^+\,(t_0+i) \in M^+(\hat{D}_j, t+k)\ \text{or}\ M^-\,(t_0+i) \in$$

$$M^-(\hat{D}_j, t+k)\ \exists k, \exists it+k = t_0+i, k=0,\cdots,n, i=0,\cdots,m\}$$

$$(2\text{-}2\text{-}2)$$

显然有 $\hat{D}{}^{**}_{t\_crisp} \in \hat{D}{}^{*}_{t\_crisp}$，E. Sanchez 的弱蕴含定义为：

$$\text{inc}(F,G) = 1\ \text{若}\ \mu_F \leqslant \mu_G \qquad (2\text{-}2\text{-}3)$$

$$\text{inc}(F,G) = \mu_G\ \text{若}\ \mu_F > \mu_G \qquad (2\text{-}2\text{-}4)$$

对于 $k=0,\cdots,n, i=0,\cdots,m$，若 $\exists i, \exists mf \in M^+\,(t_0+i)$、$\exists k$,

$$\mu M^+\,(t_0+i)(mf) \leqslant \mu_{M^+}(\hat{D}_i, t+k)(mj) \times \mu_{t_0+i}(t+k)$$

则

$$\text{inc}(M^+\,(t_0+i), M^+(\hat{D}_j, t+k) = 1 \qquad (2\text{-}2\text{-}5)$$

对于 $k=0,\cdots,n, i=0,\cdots,m$，若 $\exists i, \exists mf \in M^+\,(t_0+i)$、$\exists k$

$$\mu M^+\,(t_0+i)(mf) > \mu_{M^+}(\hat{D}_i, t+k)(mj) \times \mu_{t_0+i}(t+k)$$

则

$$\text{inc}(M^+\,(t_0+i), M^+(\hat{D}, t+k) = \mu_{M^+}(\hat{D}, t+k)(mj) \times \mu_{t_0+i}(t+k)$$

$$(2\text{-}2\text{-}6)$$

式(2-2-5)意味着一个征兆若属于 $M^+\,(t_0+i)$，则该征兆必然属于 $M^+(\hat{D}, t+k)$，这表示了后者对前者的覆盖性，因此 $\mu\hat{D}_t^* \times (\hat{D}) = 1$。$\mu M^+(t_0+i)(mj)$ 和 $\mu M^+(\hat{D}, t+k)(mj)$ 的接近程度，即 $M^+(\hat{D}, t+k)$ 对 $M^+(t_0+i)$ 的覆盖程度，式(2-2-5)和式(2-2-6)分别是对式(2-2-3)和式(2-2-4)的引用。

同理，可以定义 $\text{inc}(M^-\,(t_0+i), M^-(\hat{D}, t+k))$

在模糊集合下有

$$D_{\hat{D}_i}^*(\hat{D}_j) = \min(\mu_{\hat{D}_i}^{\wedge}(\hat{D}_j), \text{inc}(M^+\,(t_0+i), M^+(\hat{D}_j, t+k)),$$

$$\text{inc}(M^-\,(t_0+i), M^-(\hat{D}_j, t+k)$$

(4)相等性诊断

在精确集合下

$$\hat{D}{}^{***}_{t\_crisp} = \{\hat{D}_j \in \hat{D}{}^{**}_{t\_crisp}, M^+\,(t_0+i) \in M^+(\hat{D}_j, t+k)\ \text{and}\ M^-\,(t_0+i) \in$$

$$M^-(\hat{D}_j, t+k)\ \exists k、\exists it+k = t_0+i, k=0,\cdots,n, i=0,\cdots,m\}$$

在模糊集合下

$$\mu\hat{D}_t^{**} \times (\hat{D}) = 1,\ \text{当且仅当}$$

$$\min(\mu M^+ (t_0 + i)(mf), \mu_{M^+}(\hat{D}_i, t + k)(mj) \times \mu_{t_0+i}(t + k) \neq 0 \text{ and}$$

$$\min(\mu M^- (t_0 + i)(mf), \mu_{M^-}(\hat{D}_i, t + k)(mj) \times \mu_{t_0+i}(t + k) \neq 0)).$$

2.3 模糊逻辑控制的信息处理

经典控制论和现代控制论已经成功应用于多个领域。要将控制理论应用于各个对象,那么必须要建立对象的数学模型。然而在一些复杂系统中要建立精确的数学模型是非常不容易的。在此背景下,模糊逻辑成为研究复杂系统的强有力工具。

自从 1974 年英国工程师 Mandani 将模糊逻辑控制应用于蒸汽发动机控制以来,产生了许多应用的例子有些还在开发之中,如热交换过程的控制、污水处理过程控制、交通路口控制、水泥窑控制、飞船飞行控制、机器人控制、汽车速度控制、电梯控制、家用电器控制等等。

2.3.1 模糊控制的基本结构和组成

图 2-2 表示了模糊控制器的基本结构,它主要由以下四部分组成:

①模糊化:其功能是将输入的精确的量转换为模糊的量。

②知识库:知识库主要包含应用领域中的知识和要求的控制目标,即存放控制规则。

③模糊推理:具有模拟人类思维的推理行为。

④清晰化:主要是将模糊推理所得的模糊量转化为实际用于控制的精确量。

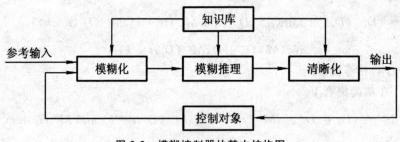

图 2-2　模糊控制器的基本结构图

2.3.2　基本模糊控制器的设计方法

模糊控制出现后,为了继续提高系统的稳定性,关于控制器的控制算法也在不断地完善与改进。使用最基本的模糊控制算法的模糊控制器称为基本模糊控制器。其原理结构如图 2-3 所示。

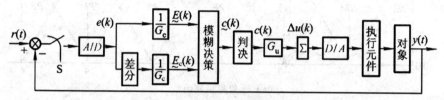

图 2-3　基本模糊控制器原理框图

实现模糊控制的关键是设计模糊控制器,通常可分为以下八个步骤。

(1)确定输入输出的模糊子集及其论域

对于双输入单输出模糊控制器,则选用偏差语言变量 E 和偏差变化语言变量 E_c,输出控制变量 C,并且将它们各自的论域分成若干级。例如分成八档

$$E = E_c = C\{NB,NM,NS,NZ,PZ,PS,PM,PB\}$$
$$={"负大","负中","负小","负零","正零","正小","正中","正大"}$$

用级表示,

$$E = \{e\} = \{-6,-5,-4,-3,-2,-1,-0,0,1,2,3,4,5,6\}$$

共 14 级,E_c 和 C 的级可同样划分。

(2)选择控制规则

控制规则对于模糊控制而言有着举足轻重的作用,因此需要慎重选择。

控制规则的形式

$$\text{If } E = E_i \text{ and } E_c = E_{cj} \text{ then } C = Cij \qquad (2\text{-}3\text{-}1)$$

例如

$$\text{If } E = NB \text{ and } E_c = NB \text{ then } C = PB$$

(3)确定各模糊子集的隶属函数

选取隶属函数的形状、模糊集对论域的覆盖度、模糊集之间的相互影响。采用的隶属函数如图 2-4 所示。

(4)模糊控制器的关系运算

$$R_i = E_i \times E_{cj} \times C_{ij} \qquad (2\text{-}3\text{-}2)$$

$$R = \bigcup_{i=1}^{n} R_i \qquad (2\text{-}3\text{-}3)$$

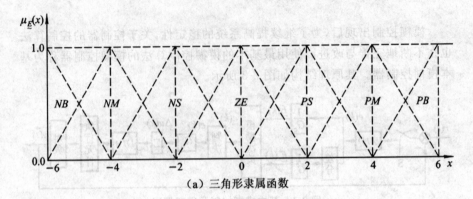

（a）三角形隶属函数

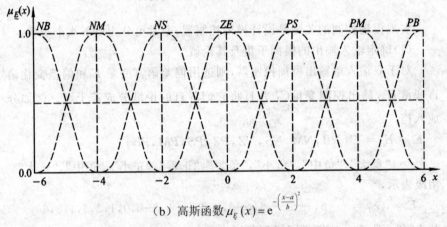

（b）高斯函数 $\mu_E(x) = e^{-\left(\frac{x-a}{b}\right)^2}$

图 2-4 模糊子集的隶属函数

（5）计算采样时刻的偏差和偏差变化

$$e(K) = y(K) - r(K) \qquad (2\text{-}3\text{-}4)$$

$$e_c(K) = e(K) - e(K-1) \qquad (2\text{-}3\text{-}5)$$

（6）偏差和偏差变化的模糊化

变量在系统中实际的变化范围叫作基本论域，基本论域具有清晰性。一般而言，基本论域与语言变量的模糊状态的论域具有不一致性。

设偏差的基本论域写成 $[-e_m, e_m]$，偏差变化的基本论域写成 $[-e_{cm}, e_{cm}]$，偏差模糊状态的论域写成 $[-n, n]$，偏差变化模糊状态的论域写成 $[-m, m]$，则偏差比例因子 G_e 和偏差变化比例因子 G_c 由下式确定

$$G_e = \frac{e_p}{n} \quad n \leqslant e_p \leqslant e_m \qquad (2\text{-}3\text{-}6)$$

$$G_c = \frac{e_{cq}}{m}\quad m \leqslant e_{cq} \leqslant e_{cm} \tag{2-3-7}$$

e_p 和 e_{cq} 应根据实际情况选定。确定了比例因子 G_e 和 G_c 以后，某一采样时刻所得的偏差 $e(K)$ 和偏差变化 $e_c(K)$ 的精确量就可以按下式模糊化为模糊量

$$\underset{\sim}{E}(K) = \frac{e(K)}{G_e} \tag{2-3-8}$$

$$\underset{\sim}{E_c}(K) = \frac{e_c(K)}{G_c} \tag{2-3-9}$$

比例因子也可以通过下面的方法来确定：设某变量的清晰量 x 的基本论域为 (a,b)，其模糊状态论域为 $[-p,q]$，则该变量的模糊量为

$$y(K) = \frac{q-p}{b-a}\left(x - \frac{a+b}{2}\right) \tag{2-3-10}$$

这里 a 和 b 或 p 和 q 的绝对值可以不相等。

（7）进行模糊决策

$$\underset{\sim}{C}(K) = \left[\underset{\sim}{E}(K) \times \underset{\sim}{E_c}(K)\right] \circ R \tag{2-3-11}$$

（8）模糊判决

$$C(K) = \frac{\sum_i \mu_{\underset{\sim}{c}}(x_i) \cdot x_i}{\sum_i \mu_{\underset{\sim}{c}}(x_i)} \tag{2-3-12}$$

其中，$\mu_{\underset{\sim}{c}}(x_i)$ 表示隶属函数，x_i 表示 $\underset{\sim}{C}(K)$ 的模糊状态论域。

（9）实际的控制量

$$\Delta\mu(K) = G_u \cdot C(K) \tag{2-3-13}$$

则有

$$u(K) = u(K-1) + \Delta u(K)$$
$$= u(K-2) + \Delta u(K-1) + \Delta u(K)$$
$$= u(K-3) + \Delta u(K-2) + \Delta u(K-1) + \Delta u(K)$$

即

$$u(K) = u \circ + \sum_{i=1}^{k} G_u \cdot C(i) \tag{2-3-14}$$

对于 8 位字长的 D/A，$u \circ \leqslant u(K) \leqslant 2.55$，模糊控制器的最终输出 $u(K)$ 为

$$u(K) = \begin{cases} u \circ + \sum_{i=1}^{k} G_u \cdot C(i) & u \circ < u(K) < 2.55 \\ 2.55 & u(K) \geqslant 2.55 \\ u \circ & u(K) \leqslant u \circ \end{cases} \tag{2-3-15}$$

2.3.3　多变量模糊控制器的信息处理

2.3.3.1　多变量模糊系统

考虑一个具有 N 输入 M 输出的多变量模糊系统,假设有 K 条控制 规则由如下各式给出:

If X_1 is $X_{1(1)}$ and$\cdots$ X_N is $X_{N(1)}$ then Y_1 is $Y_{1(1)}$ and$\cdots$ Y_M is $Y_{M(1)}$ also$\cdots$

If X_1 is $X_1(i)$ and$\cdots$ X_N is $X_N(i)$ then Y_1 is $Y_{1(i)}$ and$\cdots$ Y_M is $Y_M(i)$ also$\cdots$

If X_1 is $X_{1(K)}$ and$\cdots$ X_N is $X_{N(K)}$ then Y_1 is $Y_1(K)$ and$\cdots$ Y_M is $Y_{M(K)}$

$$(2\text{-}3\text{-}16)$$

其中, $X_{N(K)}$ 和 $Y_{M(K)}$ 分别表示第 K 条控制规则中,第 N 个模糊子集输入和第 M 个模糊子集输出。

设离散模糊系统输入输出的维数表示为

$$\dim[X_n] = q_n \quad n = 1,2,\cdots,N$$
$$\dim[Y_m] = p_m \quad m = 1,\cdots,M \tag{2-3-17}$$

其中

$$1 \leqslant i_n \leqslant q_m, 1 \leqslant j_m \leqslant p_m$$

式中

$$i_n \in (i_1,i_2,\cdots,i_N), j_m \in (j_1,j_2,\cdots,j_M)$$

第 m 个输出的关系矩阵表示为

$$R_m = \bigvee_{K=1}^{K} \{X_{1(K)} \wedge X_{2(K)} \wedge \cdots \wedge X_{N(K)} \wedge Y_{m(K)}\} \quad 1 \leqslant m \leqslant M$$

$$(2\text{-}3\text{-}18)$$

其中,"$\vee$"为极大操作,"$\wedge$"为极小运算, R_m 的维数

$$\dim[R_m] = q_1 \times q_2 \times \cdots \times q_N \times P_m \tag{2-3-19}$$

若已知当前输入为 $X_1,X_2,\cdots,X_N$,第 m 个当前输出为 Y_m ,则相应的推理有

$$Y_m = X_1 \circ X_2 \circ X_3 \circ \cdots \circ X_N \circ R_m \tag{2-3-20}$$

或

$$Y_m = X_1 \circ R_{1m} \wedge X_2 \circ R_{2m} \wedge \cdots \wedge X_N \circ R_{Nm}, 1 \leqslant m \leqslant M$$

$$(2\text{-}3\text{-}21)$$

其中

$$R_{nm} = \bigvee_{K=1}^{K} \{X_{n(K)} \wedge Y_{m(K)}\}$$

上述整个推理运算可表示为

$$\begin{bmatrix} Y_1 \\ Y_2 \\ \vdots \\ Y_M \end{bmatrix} = \begin{bmatrix} X_1, X_2, \cdots, X_N \end{bmatrix} * \begin{bmatrix} R_{11} & \cdots & R_{1M} \\ R_{21} & \cdots & R_{2M} \\ \vdots & & \vdots \\ R_{N1} & \cdots & R_{NM} \end{bmatrix} \qquad (2\text{-}3\text{-}22)$$

其中"$*$"表示($\circ$,$\wedge$)，整个多变量模糊系统的结构如图 2-5 所示。

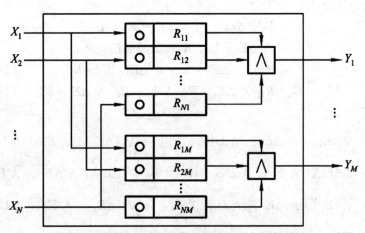

图 2-5　用二维关系矩阵表示的多变量模糊系统结构

2.3.3.2　控制规则的分解

设有双输入单输出的模糊控制规则表示为

　　　　If X_1 is $X_{1(1)}$ and X_2 is $X_{2(1)}$ then Y_1 is $Y_{1(1)}$ also$\cdots$

　　　　If X_1 is $X_1(i)$ and X_2 is $X_2(i)$ then Y_1 is $Y_{1(i)}$ also$\cdots$

　　　　If X_1 is $X_{1(K)}$ and X_2 is $X_{2(K)}$ then Y is $Y_{(K)}$　　　(2-3-23)

关系矩阵 R 表示为

$$R = \bigvee_{K=1}^{K} \{ X_{1(K)} \wedge X_{2(K)} \wedge K_{(K)} \} \qquad (2\text{-}3\text{-}24)$$

上式(2-3-24)可分解成

$$R_{11} = \bigvee_{K=1}^{K} \{ X_{1(K)} \wedge Y_{(K)} \}$$

$$R_{21} = \bigvee_{K=1}^{K} \{ X_{2(K)} \wedge Y_{(K)} \} \qquad (2\text{-}3\text{-}25)$$

若当前的输入是 x_1 和 x_2，那么推理输出为

$$Y = X_1 \circ R_{11} \wedge X_2 \circ R_{21}$$

$$= X_1 \circ A_2 \circ \{ \bigvee_{K=1}^{K} X_{1(K)} \wedge A_{2(K)} \wedge Y_{(K)} \} \wedge A_1 \circ X_2 \circ \{ \bigvee_{K=1}^{K} A_{1(K)} \wedge X_{2(K)} \wedge Y(K) \}$$

$$\geqslant X_1 \circ X_2 \circ \{ \bigvee_{K=1}^{K} X_{1(K)} \wedge X_{2(K)} \wedge Y_{(K)} \} \qquad (2\text{-}3\text{-}26)$$

其中 A_1 和 A_2 表示模糊子集,它们的隶属函数可通过辨识得到。从式 (2-3-26)可以知道,关系矩阵 $\underset{\sim}{R}$ 可以分解运算。

2.3.3.3 多变量闭环模糊控制系统

图 2-6 和图 2-7 给出了一种多变量闭环模糊控制系统的结构图。控制器的输出计算如下

$$U_1 = E_1 \circ \Delta E_1 \circ R_{111} \wedge E_1 \circ E_2 \circ R_{121}^*$$
$$\wedge \Delta E_1 \circ E_2 \circ R_{121} \Delta E_1 \circ \Delta E_2 \circ R_{121}^{**}$$
$$\wedge E_2 \circ \Delta E_2 \circ R_{221} \wedge \Delta E_2 \circ E_1 \circ R_{211} \tag{2-3-27}$$
$$U_2 = E_1 \circ R_{12} \wedge \Delta E_1 \circ R_{12}^* \wedge E_2 \circ R_{22} \wedge \Delta E_2 \circ R_{22}^* \tag{2-3-28}$$

其中

$$R_{111} = \bigvee_{K=1}^{K} \{E_{1(K)} \wedge \Delta E_{1(K)} \wedge U_{1(K)}\}, R_{121} = \bigvee_{K=1}^{K} \{\Delta E_{1(K)} \wedge E_{2(K)} \wedge U_{1(K)}\}$$

$$R_{121}^* = \bigvee_{K=1}^{K} \{E_{1(K)} \wedge E_{2(K)} \wedge U_{1(K)}\}, R_{121}^{**} = \bigvee_{K=1}^{K} \{\Delta E_{1(K)} \wedge \Delta E_{2(K)} \wedge U_{1(K)}\}$$

$$R_{221} = \bigvee_{K=1}^{K} \{E_{2(K)} \wedge \Delta E_{2(K)} \wedge U_{1(K)}\}, R_{211} = \bigvee_{K=1}^{K} \{\Delta E_{2(K)} \wedge E_{1(K)} \wedge U_{1(K)}\}$$

$$R_{12} = \bigvee_{K=1}^{K} \{E_{1(K)} \wedge U_{2(K)}\}, R_{12}^* = \bigvee_{K=1}^{K} \{\Delta E_{1(K)} \wedge U_{2(K)}\}$$

$$R_{22} = \bigvee_{K=1}^{K} \{E_{2(K)} \wedge U_{2(K)}\}, R_{22}^* = \bigvee_{K=1}^{K} \{\Delta E_{2(K)} \wedge U_{2(K)}\}$$

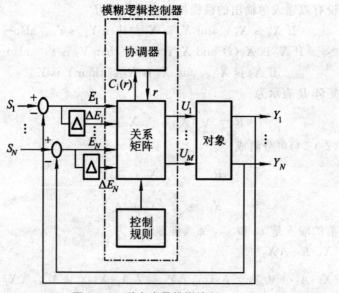

图 2-6 一种多变量模糊控制

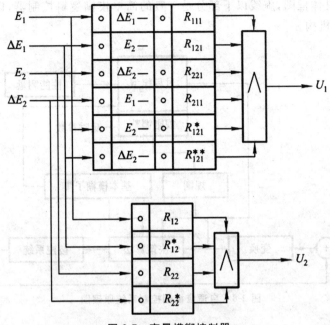

图 2-7　变量模糊控制器

2.3.3.4　自组织模糊控制系统

在上面介绍的模糊控制器的设计中,控制规则的修改需由人来进行调整,且缺乏一定数学依据,因而这种算法并不理想。

如何才能改善模糊控制系统的性能? 这可以从如何建立模糊子集的隶属函数去分析性能的变化,也可以从改变误差、误差变化率及控制量的比例系数等方面进行探索,而改善模糊控制规则更为关键,因为它是产生控制表的决定因素。一般而言,控制规则来源于人们对过程控制的经验与总结,但是对于比较复杂的系统,人们的经验是不完整的,所以控制规则可能很粗糙,应当进行调整,以适应环境的变化。这就是下面将要介绍的自适应模糊控制系统。它的控制与修改已无须人参与,而是直接由系统根据受控过程与工作环境进行调整。因此,自适应模糊控制器的主要任务有两个:其一是根据现状给出适当的控制量;其二是根据这些控制量的控制效果,对控制规则进行改进。前一个任务为控制,后一个任务即所谓学习或辨识。

自适应(即自组织)模糊控制系统(SOC)的原理框图如图 2-8 所示。

自适应模糊控制器的基本工作思路是:控制器首先在很粗糙的控制规则下起动,然后再通过自组织机构对原有的规则进行改进。现以单输入单输出自适应模糊控制系统为例来阐述自适应模糊控制器的工作原理。图

2-9 为其具体框图,虚线以下部分是一般的简单模糊逻辑控制器,以上部分为自组织机构。

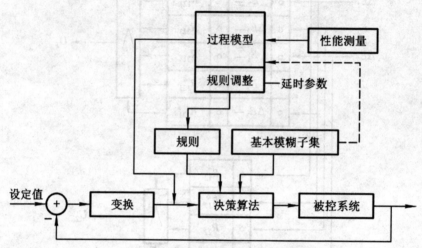

图 2-8　自适应模糊控制系统原理图

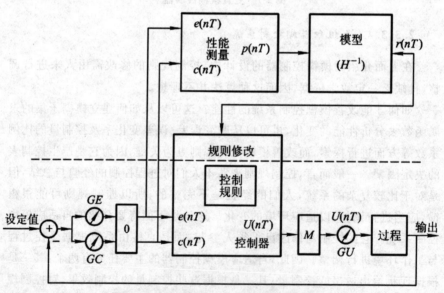

图 2-9　单输入单输出自适应模糊控制系统

如前所述,简单模糊逻辑控制器的控制规则是由模糊条件语句组成的,每一规则将过程的误差及误差变化率与过程的输出变化相联系。这三个模糊变量分别定义在三个固定的论域上,即

$$E = \{e\} \\ C = \{c\} \\ U = \{u\}$$ (2-3-29)

一个控制规则 K,可表述为以下形式的条件语句:

若误差是 E_K,且误差变化率为 C_K,则控制器输出为 U_K。

其中 E_K、C_K、U_K 分别是 E、C、U 上的模糊子集,即

$$E_K = \{(e, \mu_{E_K}(e))\} \subseteq E \\ C_K = \{(c, \mu_{C_K}(c))\} \subseteq C \\ U_K = \{(u, \mu_{U_K}(u))\} \subseteq U$$ (2-3-30)

因此,一个控制规则可看作是一个蕴涵

$$K: E_K \rightarrow C_K \rightarrow U_K$$ (2-3-31)

它生成一个 $E \times C \times U$ 上的三维关系矩阵

$$R_K = E_K \times C_K \times U_K$$ (2-3-32)

当控制器由 k 个式(2-3-30)所示蕴涵(即规则)构成时,总的关系矩阵应为它们的并,即

$$R = R_1 \vee R_2 \vee \cdots \vee R_k = \bigvee_i R_i$$ (2-3-33)

控制器即可基于式(2-3-33)以及第 n 个时刻误差和误差变化的样值 $e(nT)$ 和 $c(nT)$,推断出相应时刻应赋予系统的控制量变化来。若设定值为 s,则 $e(nT)$ 和 $c(nT)$ 可表示为(见图 2-9)

$$e(nT) = Q[\{s - X(nT)\} \cdot GE]$$ (2-3-34)

$$c(nT) = Q[\{X(nT) - X(nT - T)\} \cdot GC]$$ (2-3-35)

式中 GE、GC 分别为 E 和 C 的比例系数; Q 为量化方式。

根据 Zadeh 的组合推理规则,得到控制量变化的模糊子集 $U(nT)$,最后,还需根据最大隶属原则给出确定的控制量,记此步骤为

$$\mu(nT) = M[U(nT)]$$ (2-3-36)

现来阐述控制规则的改进是如何通过自组织机构实现的。如图 2-9 所示,自组织机构首先将对控制器的性能做出评估,这一过程称作性能测量。

若以实际响应(图中所示过程的输出)对期望响应(图中所示的设定值)的偏差来反映控制器的性能,则性能测量就是基于 $e(nT)$ 与 $c(nT)$ 作出的关于输出校正的一种决策。表 2-1 是一张实际使用的性能测量决策表,表中"0"表示不需要进行校正的状态。若令此决策表为 Π,则输出所需校正可表示为

$$p(nT) = \Pi[e(nT), c(nT)]$$ (2-3-37)

表 2-1 性能度量决策表

		误差变化 c(nT)												
		朝向设定点							远离设定点					
		-6	-5	-4	-3	-2	-1	0	+1	+2	+3	+4	+5	+6
	-6	0	0	0	0	0	0	0	6	6	6	6	6	6
	-5	0	0	0	2	2	3	6	6	6	6	6	6	6
低于设定点	-4	0	0	0	2	4	5	6	6	6	6	6	6	6
	-3	0	0	0	2	2	3	4	4	4	4	5	5	6
	-2	0	0	0	0	0	0	2	2	2	3	4	5	6
	-1	0	0	0	0	0	0	1	1	1	2	3	4	5
误差	-0	0	0	0	0	0	0	0	0	0	1	2	3	4
$e(nT)$	+0	0	0	0	0	0	0	0	0	0	-1	-2	-3	-4
	+1	0	0	0	0	0	0	-1	-1	-1	-2	-3	-4	-5
	+2	0	0	0	0	0	0	-2	-2	-2	-3	-4	-5	-6
	-6	+3	0	0	-2	-2	-3	-4	-4	-4	-5	-6	-6	-6
高于设定点	+4	0	0	0	-2	-4	-5	-6	-6	-6	-6	-6	-6	-6
	+5	0	0	0	-2	-2	-3	-6	-6	-6	-6	-6	-6	-6
	+6	0	0	0	0	0	0	-6	-6	-6	-6	-6	-6	-6

将式(2-3-37)所示的过程输出所需的校正 $p(nT)$ 转化成过程的输入校正 $r(nT)$，并施加于此过程，就可改变由于前一时刻的控制量所造成当前时刻的不良性能。要实现这一目的，首先需要建立 $p(nT)$ 和 $r(nT)$ 之间的联系以及反映这一联系的数学模型。又由于两者是输入和输出的变化量，因此只要建立简单的增量模型就可以了。

例如考虑一个两输入两输出过程，设此过程的状态方程为

$$\begin{cases} X = F(X,U,V) \\ Y = G(Y,U,V) \end{cases} \tag{2-3-38}$$

对于很小的输入变化 δU、δV，一阶输出导数的变化为

$$\begin{bmatrix} \delta \dot{X} \\ \delta \dot{Y} \end{bmatrix} = \begin{bmatrix} \dfrac{\partial F}{\partial U} & \dfrac{\partial F}{\partial V} \\ \dfrac{\partial G}{\partial U} & \dfrac{\partial G}{\partial V} \end{bmatrix} \begin{bmatrix} \delta U \\ \delta V \end{bmatrix} \tag{2-3-39}$$

因此当输入变化为 ΔU、ΔV 时，在一次采样时间间隔 T 后产生的输出

变化 ΔX、ΔY 可近似表为

$$\begin{bmatrix} \Delta X \\ \Delta Y \end{bmatrix} \cong \begin{bmatrix} T\delta \dot{X} \\ T\delta \dot{Y} \end{bmatrix} = TJ \begin{bmatrix} \Delta U \\ \Delta V \end{bmatrix} = H \begin{bmatrix} \Delta U \\ \Delta V \end{bmatrix} \qquad (2\text{-}3\text{-}40)$$

其中 J 是雅可比矩阵。上式确定了输入变化 ΔU、ΔV 与输出变化 ΔX、ΔY 之间关系的一个增量模型。可把矩阵 H 称为过程的增量模型。

把式(2-3-40)用于所讨论的问题,即可求出输入校正 $r_1(nT)$ 和 $r_2(nT)$ 与输出校正 $p_1(nT)$ 和 $p_2(nT)$ 之间的关系

$$\begin{bmatrix} r_1(nT) \\ r_2(nT) \end{bmatrix} = H^{-1} \begin{bmatrix} p_1(nT) \\ p_2(nT) \end{bmatrix} \qquad (2\text{-}3\text{-}41)$$

对于一般情况,令输出校正矢量和输入校正矢量分别为

$$p(nT) = (p_1(nT) \quad p_2(nT) \cdots p_m(nT))^{\mathrm{T}}$$
$$r(nT) = (r_1(nT) \quad r_2(nT) \cdots r_m(nT))^{\mathrm{T}}$$

则

$$r(nT) = H^{-1} p(nT) \qquad (2\text{-}3\text{-}42)$$

对于多变量系统,要求出矩阵 H 是不容易的。通常是凭经验假定一个值,然后通过自学习过程逐步进行修正。输入校正不可能一次成功,需要反复地进行校正。

自组织机构的最后一步工作是修改控制规则。现来讨论这个问题,仍以单输入单输出系统为例。

设系统有一定滞后,并用 $e(nT-mT)$、$c(nT-mT)$ 与 $u(nT-mT)$ 分别表示当前的偏差、偏差变化率和控制器的输出,则期望的控制器输出将是 $u(nT-mT)+r(nT)$,而不再是 $u(nT-mT)$。

把 $e(nT-mT)$、$c(nT-mT)$ 及 $u(nT-mT)+r(nT)$ 模糊化,得到相应的模糊子集

$$\left. \begin{array}{l} E(nT-mT) = F\{e(nT-mT)\} \\ C(nT-mT) = F\{c(nT-mT)\} \\ V(nT-mT) = F\{u(nT-mT)+r(nT)\} \end{array} \right\} \qquad (2\text{-}3\text{-}43)$$

式中 F 表示单个元素的模糊化过程。类似地,$u(nT-mT)$ 的相应模糊子集为

$$U(nT-mT) = F\{u(nT-mT)\} \qquad (2\text{-}3\text{-}44)$$

这样,控制规则的修改问题即变为用新的蕴涵,即

$$E(nT-mT) \rightarrow C(nT-mT) \rightarrow V(nT-mT)$$
$$\text{If } e = E(nT-mT) \text{ and } c = C(nT-mT),$$
$$\text{then } u = V(nT-mT) \qquad (2\text{-}3\text{-}45)$$

来代替原来的蕴涵

$$E(nT - mT) \rightarrow C(nT - mT) \rightarrow U(nT - mT) \qquad (2\text{-}3\text{-}46)$$

$$\text{If } e = E(nT - mT) \text{ and } c = C(nT - mT),$$

$$\text{then } u = U(nT - mT)$$

令上述两个蕴涵构成的关系矩阵为

$$\left. \begin{array}{l} R''(nT) = E(nT - mT) \times C(nT - mT) \times V(nT - mT) \\ R'(nT) = E(nT - mT) \times C(nT - mT) \times U(nT - mT) \end{array} \right\}$$

$$(2\text{-}3\text{-}47)$$

于是规则修改问题便可用语句表述为

$$R(nT + T) = \{R(nT) \text{ but not } R'(nT)\} \text{ else } R''(nT)$$

其中 $R(nT)$ 是当前时刻控制器的关系矩阵，$R(nT + T)$ 是修正后控制器的新关系矩阵。它也可以写成

$$R(nT + T) = \{R(nT) \wedge (R'(nT))^c\} \vee R''(nT) \qquad (2\text{-}3\text{-}48)$$

式中 $(R'(nT))^c$ 为 $R'(nT)$ 的补。

上式就是修改控制规则的一般方法。利用它就可以根据测得的偏差及偏差变化率求得控制量的模糊集，再经过模糊决策得出控制量的精确值，最后把它加到系统中去，即完成了一个控制动作。

但必须指出，这种基于关系矩阵的修改方法有以下缺点：

① $R'(nT)$，$R''(nT)$ 通常为稀疏矩阵，计算时间浪费很大。

②关系矩阵的维数很高，难以存储。

③原来的规则集被隐去了，且难以从关系矩阵中得到恢复。

由于上述缺点的存在，这种方法很难应用于实际。下面给出另一种规则修改的方法，它将直接存储规则本身，而不是存储关系矩阵。

由式(2-3-47)，$(R'(nT))^c$ 可写成

$$(R'(nT))^c = I_E \times I_C \times I_U - E(nT - mT) \times$$
$$C(nT - mT) \times U(nT - mT) \qquad (2\text{-}3\text{-}49)$$

式中 $\forall e \in E, \mu_{I_E}(e) = 1$，$\forall c \in C, \mu_{I_C}(c) = 1$，$\forall u \in U, \mu_{I_U}(u) = 1$，$\forall (e, c, u) \in E \times C \times U, \mu_{I_E \times I_C \times I_U}(e, c, u) = 1$.

对于式(2-3-49)运用 De-Mordgan 定律，得

$$(R'(nT))^c = \{(E(nT - mT))^c \times I_C \times I_U\}$$
$$\vee \{I_E \times (C(nT - mT))^c \times I_U\}$$
$$\vee \{I_E \times I_C \times (U(nT - mT))^c\} \qquad (2\text{-}3\text{-}50)$$

把式(2-3-50)代入式(2-3-48)，得

$$R(nT + T) = [R(nT) \wedge \{(E(nT - mT))^c \times I_C \times I_U\}]$$
$$\vee [R(nT) \wedge \{I_E \times (C(nT - mT))^c \times I_U\}]$$
$$\vee [R(nT) \wedge \{I_E \times I_C \times (U(nT - mT))^c\}]$$

$$\vee\ R''(nT) \tag{2-3-51}$$

注意到

$$R(nT) = \bigvee_k (E_k \times C_k \times U_k) \tag{2-3-52}$$

式(2-3-52)可化为

$$
\begin{aligned}
R(nT + T) = \bigvee_k \{ & [(E_k \wedge (E(nT - mT))^c) \times C_k \times U_k] \\
& \vee [E_k \times (C_k \wedge (C(nT - mT))^c) \times U_k] \\
& \vee [E_k \times C_k \times (U(nT - mT))^c \wedge U_k] \\
& \vee [E(nT - mT) \times C(nT - mT) \times V(nT - mT)] \}
\end{aligned}
$$

$$\tag{2-3-53}$$

由式(2-3-53)可见,规则 $E_k \to C_k \to U_k$,将由规则

$$
\left.
\begin{aligned}
& E_k \wedge (E(nT - mT))^c \to C_k \to U_k \\
& E_k \to C_k \wedge (C(nT - mT))^c \to U_k \\
& E_k \to C_k \to U_k \wedge (U(nT - mT))^c
\end{aligned}
\right\} \tag{2-3-54}
$$

来取代。当所有规则都这样置换后,再添加一新规则

$$E(nT - mT) \to C(nT - mT) \to U(nT - mT) \tag{2-3-55}$$

考虑到以上有些规则是多余的,可采用以下近似方法来防止规则数目的膨胀。

设 $K: E_k \to C_k \to U_k$ 是一个规则,如果它非常类似于待撤销的规则 $E(nT - mT) \to C(nT - mT) \to U(nT - mT)$,即若 $E_k \wedge (E(nT - mT))^c$、$C_k \wedge (C(nT - mT))^c$、$U_k \wedge (U(nT - mT))^c$ 等全体子集的隶属度均低于或等于 0.5,则规则 K 可以撤销。

2.4　模糊模式识别信息处理

模式识别是指通过模拟人类的识别能力,从而实现对人类视觉和听觉的完美模拟。模拟人类视觉就是通过计算机来识别图像和理解图像;模拟人类听觉,就是通过计算机来识别各种声音。这里的"模式"有着多种含义,它既可以是图形、波形,又可以是多种疾病或者多种动植物的类别,也可以是不同成分的矿石等。总之它的内容是非常庞大的。传统的模式识别方法主要有三大类:

①统计决策方法。

②句法(或结构)方法。

③子空间方法。

这些方法无疑都是有效的,并且在许多领域中已取得了实际的应用成

果,如文学识别、语言识别与理解、人脸和指纹鉴别、工业机器人、医疗诊断、目标检测、生物医学信号和图像分析、遥感图像分析以及考古学等领域。

2.4.1 模糊聚类分析

所谓聚类分析实际上是一种研究"物以类聚"的多元化的分析方法。在数学上把按照一定要求进行分类的方法称为聚类分析,那些要被分类的对象是为样本。所以,进行聚类分析的关键任务就是以数学方法来确定样本之间的亲属关系,从而实现客观的分类。通常事物本身具有一定的模糊性,因此通过模糊数学进行聚类分析是非常有必要的,这种方法也称为模糊聚类分析法。一般而言,模糊聚类分析法可分为两类:一类是与模糊关系相关的模糊聚类法,又称为系统聚类分析法。另一类是非系统聚类法,首先要对样品进行粗略的分类,然后按照最优的原则在进行下一步的分类,继续进行分类直至到比较合理为止,因此这类方法也称为逐步聚类法。

进行模糊聚类分析,主要有三大步骤,详细如下:

第一步,对各代表点的数据进行标准化处理,主要目的是为了进行分析和比较,这一步也称为正规化。

标准化(或称正规化)可按照如下方式进行

$$x = \frac{x' - \bar{x}'}{C} \tag{2-4-1}$$

式中,x' 为原始数据,$\bar{x}'$ 为原始数据的平均值,C 为原始数据的标准差。如果将标准化的数据压缩到 $[0,1]$ 内的闭区间,那么可用极值标准化公式来表示

$$x = \frac{x' - x'_{\min}}{x_{\max} - x'_{\min}} \tag{2-4-2}$$

当 $x' = x_{\max}$ 时,则 $x = 1$;

当 $x' = x_{\min}$ 时,则 $x = 0$。

第二步叫作标定,即算出衡量被分类对象间相似程序的统计量 $r_{ij}(i = 1,2,\cdots,n;j = 1,2,\cdots,n;n$ 为被分类对象的个数),从而确定论域 U 上的相似关系 $\underset{\sim}{R}$

$$\underset{\sim}{R} = \begin{bmatrix} r_{11} & r_{12} & \cdots & r_{1n} \\ r_{21} & r_{22} & \cdots & r_{2n} \\ \cdots & \cdots & & \cdots \\ r_{n1} & r_{n2} & \cdots & r_{nn} \end{bmatrix} \tag{2-4-3}$$

计算统计量 r_{ij} 的方法很多,下面只介绍 12 种比较常用的:

（1）欧氏距离法

$$r_{ij} = \sqrt{\frac{1}{n} \sum_{k=1}^{n} (z_{ik} - z_{jk})^2}$$ (2-4-4)

式中，z_{ik} 为第 i 个点，第 k 个因子的值。z_{jk} 为第 j 个点，第 k 个因子的值。

（2）数量积法

$$r_{ij} = \begin{cases} 1 & (i = j \text{ 时}) \\ \dfrac{1}{M} \cdot \sum_{k=1}^{n} x_{ik} \cdot x_{jk} & (i \neq j \text{ 时}) \end{cases}$$ (2-4-5)

式中，M 是一个适当选择之正数。

（3）相关系数法

$$r_{ij} = \frac{\sum_{k=1}^{m} (x_{ik} - \bar{x}_i)(x_{jk} - \bar{x}_j)}{\sqrt{\sum_{k=1}^{m} (x_{ik} - \bar{x}_i)^2} \cdot \sqrt{\sum_{k=1}^{m} (x_{jk} - \bar{x}_j)^2}}$$ (2-4-6)

式中

$$\bar{x}_i = \frac{1}{m} \sum_{k=1}^{m} x_{ik}, \bar{x}_j = \frac{1}{m} \sum_{k=1}^{m} x_{jk}$$

（4）指数相似系数法

$$r_{ij} = \frac{1}{m} \sum_{k=1}^{m} e^{-\frac{3}{4} \cdot \frac{(x_{ik} - x_{jk})^2}{s_k^2}}$$ (2-4-7)

式中，S_k 为适当选择之整数。

（5）非参数方法

设 $x'_{ik} = x_{ik} - \bar{x}_i$

$n^+ = \{x'_{i1} x'_{j1}, x'_{i2} x'_{j2}, \cdots, x'_{im} x'_{jm}\}$ 之中大于 0 的个数。$n^- = \{x'_{i1} x'_{j1}, x'_{i2} x'_{j2}, \cdots, x'_{im} x'_{jm}\}$ 之中小于 0 的个数

$$r_{ij} = \frac{1}{2} \cdot \left(1 + \frac{n^+ - n^-}{n^+ + n^-}\right) \text{ 或 } r_{ij} = \frac{n^+ - n^-}{n^+ + n^-}$$ (2-4-8)

（6）最大—最小方法

$$r_{ij} = \frac{\sum_{k=1}^{m} \min(x_{ik}, x_{jk})}{\sum_{k=1}^{m} \max(x_{ik}, x_{jk})}$$ (2-4-9)

（7）算术平均最小方法

$$r_{ij} = \frac{\sum_{k=1}^{m} \min(x_{ik}, x_{jk})}{\frac{1}{2} \sum_{k=1}^{m} (x_{ik} + x_{jk})}$$ (2-4-10)

(8)几何平均最小方法

$$r_{ij} = \dfrac{\sum\limits_{k=1}^{m} \min(x_{ik}, x_{jk})}{\sum\limits_{k=1}^{m} \sqrt{x_{ik} \cdot x_{jk}}} \tag{2-4-11}$$

(9)绝对值指数方法

$$r_{ij} = \mathrm{e}^{-\sum\limits_{k=1}^{m} |x_{ik} - x_{jk}|} \tag{2-4-12}$$

(10)绝对值倒数方法

$$r_{ij} = \begin{cases} 1 & (\text{当 } i = j \text{ 时}) \\ \dfrac{M}{\sum\limits_{k=1}^{m} |x_{ik} - x_{jk}|} & (\text{当 } i \neq j \text{ 时}) \end{cases} \tag{2-4-13}$$

式中，M 应适当选取，使得 $0 \leqslant r_{ij} \leqslant 1$。

(11)绝对值减数方法

$$r_{ij} = \begin{cases} 1 & (\text{当 } i = j \text{ 时}) \\ 1 - C\sum\limits_{k=1}^{m} |x_{ik} - x_{jk}| & (\text{当 } i \neq j \text{ 时}) \end{cases} \tag{2-4-14}$$

式中，C 应适当选取，使得 $0 \leqslant r_{ij} \leqslant 1$。

(12)夹角余弦法

$$r_{ij} = \dfrac{\sum\limits_{k=1}^{m} x_{ik} \cdot x_{jk}}{\sqrt{\left(\sum\limits_{k=1}^{m} x_{ik}^2\right)\left(\sum\limits_{k=1}^{m} x_{jk}^2\right)}} \tag{2-4-15}$$

以上的这些方法要根据实际情况选择使用。

第三步叫聚类，前提是 $\underset{\sim}{R}$ 必须是一个模糊等价关系，因此必须对 $\underset{\sim}{R}$ 进行改造，这将在以下详述。

2.4.2 模糊等价关系与聚类分析

上文已经提及，模糊关系 $\underset{\sim}{R}$ 必须是模糊等价关系才能进行聚类，下面我们将专门针对模糊等价关系进行讲解。

具有自反、对称和传递性的关系称为等价关系。而等价关系又决定集合的一个分类。

定义：设给定论域 U 上的一个模糊关系 $\underset{\sim}{R} = (r_{ij})_{n\times n}$，如果它满足

①自反性 $r_{ii} = 1(i = 1, 2, \cdots, n)$。

②对称性 $r_{ij} = r_{ji}(i, j = 1, 2, \cdots, n)$。

③传递性 $\underset{\sim}{R} \circ \underset{\sim}{R} \subseteq \underset{\sim}{R}$。

则称 $\underset{\sim}{R} = (r_{ij})_{n \times n}$ 是一个模糊等价关系。

在这个定义中直观地看，自反性是指矩阵的对角线上的元素全是 1。对称性是指 $\underset{\sim}{R}$ 为对称矩阵，即 $r_{ij} = r_{ji}$。而传递性却不易直接看出，需要计算 $\underset{\sim}{R} \circ \underset{\sim}{R}$，然后看其是否满足

$$\underset{\sim}{R} \circ \underset{\sim}{R} \subseteq \underset{\sim}{R} \tag{2-4-16}$$

定理：若 $0 \leqslant \lambda_1 \leqslant \lambda_2 \leqslant 1$，则 R_{λ_2} 所分出的每一类必是 R_{λ_1} 的某一类的子类，并称之为 R_{λ_2} 的分类法是 R_{λ_1} 的分类法的"加细"。

2.4.3　基于模糊相似关系的模式分类

对于只有自反性与对称性的模糊相似关系，需要经过改造成为模糊等价关系之后才能进行正确分类。但是经过多次合成运算将消耗很多时间，特别是在样本数目较大的情况下，这一现象将会更加严重。因此人们尝试寻求基于模糊矩阵的直接分类方法，比较有名的有我国学者学者吴望名提出的最大树法、赵汝怀提出的编网法等。

最大树法简单明了，直观易懂，应用方便，它采用了"树"的概念。"树"是一个特殊的图形，它包含 n 个顶点、$n-1$ 条连通的边，但不包含任何回路，如图 2-10 所示。

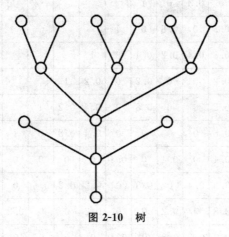

图 2-10　树

下面就日本学者 Tamura 举例说明了最大树法。

例 2.4.1　设有 3 个家庭,每家有 4～7 人,选取每个人的相片一张,将 16 张照片混放在一起,然后由和这些人素不相识的学生对照片进行比对,按照相貌的相似程度进行分类,希望能把 3 个家庭区分开。

16 张相片的相似矩阵见表 2-2,现按最大树方法分类。所谓最大树方法,就是构造一个特殊的图,以所有被分类的对象为顶点,对于此例,顶点集共有 16 个,即 $V = \{1,2,3,\cdots,16\}$。

当 $r_{ij} \neq 0$ 时,顶点 i 与顶点 j 就可以连一条边。具体画法是先画出顶点集中的某一个 i,然后将 r_{ij} 按照从大到小的顺序进行顺次连边,需注意连线时不能产生回路,直至 16 个顶点都被连通为止,最后就得到一棵最大树。更准确地说是一棵"赋权"的树,每一条边都能赋以某一权数,即 r_{ij}。然而由于连接方法不同,这种最大树也不是唯一的。

表 2-2　116 张相片的相似矩阵

r_{ij}	1	2	3	4	5	6	7	8	9	10	11	12	13	14	15	16
1	1															
2	0	1														
3	0	0	1													
4	0	0	0.4	1												
5	0	0.8	0	0	1											
6	0.5	0	0.2	0.2	0	1										
7	0	0.8	0	0	0.4	0	1									
8	0.4	0.2	0.2	0.5	0	0.8	0	1								
9	0	0.4	0	0.8	0.4	0.2	0.4	0	1							
10	0	0	0	0	0	0	0	0	0.2	1						
11	0	0.5	0.2	0.2	0	0	0.8	0	0.4	0.2	1					
12	0	0	0.2	0.8	0	0	0	0	0.4	0.8	0	1				
13	0.8	0	0.2	0.4	0	0.4	0	0.4	0	0	0	0	1			
14	0	0.8	0	0.2	0.4	0	0.8	0	0.2	0.2	0.6	0	0	1		
15	0	0	0.4	0.8	0	0.2	0	0.2	0	0.2	0	0.2	0.2	0	1	
16	0.6	0	0	0.2	0.2	0.8	0	0.4	0	0	0	0.4	0.2	0.4		1

现在用上述例子来构造一棵最大树,选顶点 $i = 1$,先连接"13",权数 $r_{ij} = 0.8$ 标于边侧;再连"16",权数 0.6;由"16"连接"6",权数 0.8。依次继续下去,得到一棵连通 16 个顶点的最大树,如图 2-11 所示。

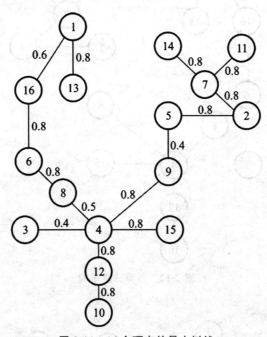

图 2-11　16 个顶点的最大树然

然后对最大树取 λ 截集,即去掉那些权数 $r_{ij} < \lambda$ 的边,$\lambda \in [0,1]$。这样就可将一棵树截成互不连通的几棵子树。

现取 $\lambda = 0.5$,可截得 3 棵子树,见图 2-12,其顶点集为

$$V_1 = \{13,1,16,6,8,4,9,15,12,10\}$$
$$V_2 = \{3\}$$
$$V_3 = \{5,2,7,11,14\}$$

因 V_2 自己独成一类,而 V_1 包含 12 个人,不符合原题中的"一家有 4～7 人"的要求,这说明 λ 值选取不合适。再选 $\lambda = 0.6$,这时截得 4 棵子树,见图 2-13,其顶点集为

$$V_1 = \{13,1,16,6,8\}$$
$$V_2 = \{9,4,15,12,10\}$$
$$V_3 = \{3\}$$
$$V_4 = \{11,7,14,2,5\}$$

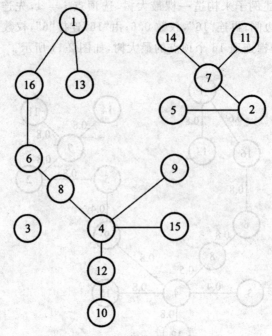

图 2-12　截得三棵子树

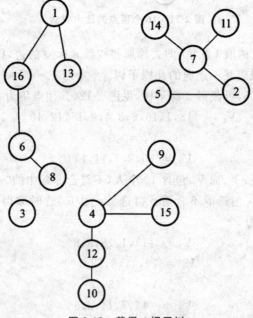

图 2-13　截得 4 棵子树

显然，V_1，V_2，V_4 符合每家 4～7 人要求。因"3"仍独立成一类，可将其删去。实际上它是试验者故意加进去的，现被识别出来。如此便完成了按相貌识别的分类工作。

需要注意的是，虽然最大树并不唯一，但取了 λ 截集之后，所得的子树是相同的。这一点可以通过实际作图来证实。

现在来介绍编网法。它也是直接由模糊相似矩阵 $\underset{\sim}{R}$ 出发，经过"编网"直接完成分类的。

所谓编网，就是先取定水平 $\lambda \in [0,1]$，作截矩阵 R_λ，并将 R_λ 的对角线上填入元素的序号，在对角线的下方，以节点号"＊"代替 R_λ 中的"1"，而"0"则略去不写，再由节点"＊"向对角线上引经线和纬线，也就是用经纬线把节点连接起来。经过同一节点的经、纬线可以看作被捆在一起，即被打了结。通过"打结"能互相连接起来的点，即属于同一类，从而实现分类。编网法同最大数法一样，它不仅使用方便，而且简单易懂。仍以例 2.4.1 的相片分类问题为例，来说明编网法的实际操作步骤。由模糊相似矩阵出发（见表 2-2），取 $\lambda = 0.60$，作 λ 截矩阵

$$
R_{0.6} =
\begin{array}{r|cccccccccccccccc}
 & 1 & 2 & 3 & 4 & 5 & 6 & 7 & 8 & 9 & 10 & 11 & 12 & 13 & 14 & 15 & 16 \\
\hline
1 & 1 & & & & & & & & & & & & & & & \\
2 & 0 & 1 & & & & & & & & & & & & & & \\
3 & 0 & 0 & 1 & & & & & & & & & & & & & \\
4 & 0 & 0 & 0 & 1 & & & & & & & & & & & & \\
5 & 0 & 1 & 0 & 0 & 1 & & & & & & & & & & & \\
6 & 0 & 0 & 0 & 0 & 0 & 1 & & & & & & & & & & \\
7 & 0 & 1 & 0 & 0 & 0 & 0 & 1 & & & & & & & & & \\
8 & 0 & 0 & 0 & 0 & 0 & 1 & 0 & 1 & & & & & & & & \\
9 & 0 & 0 & 0 & 1 & 0 & 0 & 0 & 0 & 0 & 1 & & & & & & \\
10 & 0 & 0 & 0 & 0 & 0 & 0 & 0 & 0 & 0 & 1 & & & & & & \\
11 & 0 & 0 & 0 & 0 & 0 & 0 & 1 & 0 & 0 & 0 & 1 & & & & & \\
12 & 0 & 0 & 0 & 1 & 0 & 0 & 0 & 0 & 0 & 1 & 0 & 1 & & & & \\
13 & 1 & 0 & 0 & 0 & 0 & 0 & 0 & 0 & 0 & 0 & 0 & 0 & 1 & & & \\
14 & 0 & 1 & 0 & 0 & 0 & 0 & 1 & 0 & 0 & 0 & 1 & 0 & 0 & 1 & & \\
15 & 0 & 0 & 0 & 0 & 0 & 0 & 0 & 0 & 0 & 0 & 0 & 0 & 0 & 0 & 1 & \\
16 & 1 & 0 & 0 & 0 & 0 & 0 & 1 & 0 & 0 & 0 & 0 & 0 & 0 & 0 & 0 & 1 \\
\end{array}
$$

再按照编网方法进行编网，对角线上换以被分类对象的序号，其余"1"换以"＊"号，"0"略去不写，把节点"＊"用经、纬线连接起来，得

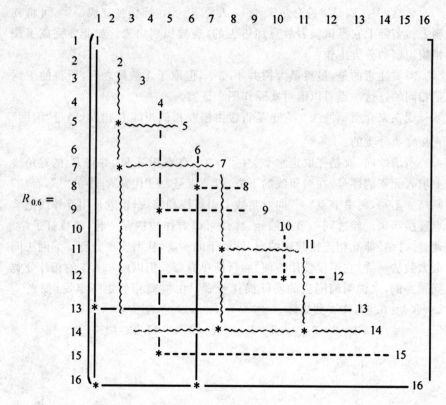

由此得到分类为

{1,6,13,16,8}用直线"——"连接；

{2,5,7,11,14}用曲线"～～～"连接；

{4,9,10,12,15}用虚线"……"连接；

{3}自成一类。

这个结果和上面用最大树方法分类所得到的结果是一致的。

2.4.4 基于最大隶属原则的识别

设 X 为所要识别的对象全体，$A_i \in F(X)(i = 1,2,\cdots,n)$ 表示 n 个模糊模式，对于 X 中任一元素 x，要识别它属于哪一个模式，可按下列原则作判断，即若

$$\mu_{A_k}(x) = \max\{\mu_{A_1}(x),\mu_{A_2}(x),\cdots,\mu_{A_n}(x)\} \qquad (2\text{-}4\text{-}17)$$

则认为 x 相对归属于 A_k 所代表的那一类。这就是最大隶属原则。这个方法也可以进行适当的改进，即在进行判断之前，先规定一个阈值，$\lambda \in$

[0,1]，记

$$\alpha = \max\{\mu_{A_1}(x),\mu_{A_2}(x),\cdots,\mu_{A_n}(x)\} \qquad (2\text{-}4\text{-}18)$$

若 $\alpha < \lambda$，则认为不能识别，另作分析；若 $\alpha \geqslant \lambda$，则认为可以识别，而且按最大隶属原则作判断。

在模式的隶属函数被确定后，再按照这种方式进行识别就会容易很多。其中最关键的步骤是模式的隶属度函数的确定。以最大隶属度原则进行分类的方法称为模糊模式分类的直接方法。这种方法适用于分类对象 x 确定，模型 A_1、A_2、$\cdots$、A_n 模糊的情况。

2.4.5　基于择近原则的识别

当识别的对象和已知模式都是论域 U 中的一个模糊子集时，讨论待识对象归属已知模式中哪一个模式的问题变为讨论一对模糊集之间接近程度的问题，以及根据贴近度作模式分类的择近原则。

设 $\underset{\sim}{B},\underset{\sim}{A_i} \in F(U)$，$i = 1,2,\cdots,n$，若有 $i \in \{1,2,\cdots,n\}$ 使

$$\rho(\underset{\sim}{B},\underset{\sim}{A_i}) = \max_{1 \leqslant j \leqslant n}(\rho(\underset{\sim}{B},\underset{\sim}{A_j})) \qquad (2\text{-}4\text{-}19)$$

则称 $\underset{\sim}{B}$ 与 $\underset{\sim}{A_i}$ 最贴近，并判定 $\underset{\sim}{B}$ 属于 $\underset{\sim}{A_i}$ 类。这个原则被称为模式分类的择近原则，其中 $\rho(\cdot,\cdot)$ 为 $F(U)$ 上的贴近度。

2.5　模糊信息优化方法

模糊信息的主要特征是能够对某些规律进行识别。一般而言，数据资料所显示的信息是杂乱的，传统的信息理论主要是考察这些数据资料携带信息的多少，一般的统计法主要研究它们之间的规律。模糊信息优化处理能够反映这些因素间的某些规律，以及能够在某种程度上体现这种规律的矩阵。

（1）信息扩散

模糊关系（R）描述了一类观测事件，刻画了原因论域 U 和结果论域 V 的因果规律，是通过近似推论进行模糊识别的前提和主要环节，本节采用信息扩散方法来确定模糊关系。信息扩散过程如图 2-14 所示。

（2）模糊近似推论

模糊近似推论是进行大系统和不确定性系统分析的主要环节。对于自

变量论域（或原因论域）U 和因变量论域（或结果论域）V，有 $U \triangleq \{u_1, u_2, \cdots, u_m\}$，$V \triangleq \{v_1, v_2, \cdots, v_m\}$；设 A_i、B_i 分别为论域 U、V 的模糊子集，其模糊关系为 R，则推论可表示如下：

$$B_i = A_i \circ R$$

式中，符号"$\circ$"表示运算规则或合成方法，本节使用经典矩阵普通乘方法。

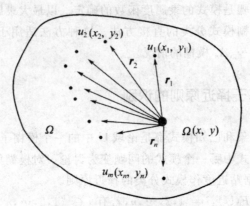

图 2-14　信息扩散过程示意图

（3）信息集中

信息扩散是一种变换，它将非模糊的数据转变成模糊信息。为了消除扩散带来的影响，常采用信息集中的方法。其表达式为

$$\delta'_s = \sum_{i=1}^{n}(B'_i)^k \times \delta_{si} \bigg/ \sum_{i=1}^{n}(B'_i)^k$$

式中，δ'_s 为最终要推论的结果；B'_i 为二次模糊近似推论等级的可能性分布；δ_{si} 为要推论的等级值；k 为常数，根据实际情况选用，这里取 $k = 2$。

2.6　模糊集在图像信息处理中的应用

2.6.1　图像的模糊性

在图像处理中，由于图像的信宿是人，所以在处理图像时还需考虑图像与人眼的特点。由于图像的形成是一种多到一的映射过程，因此图像本身具有不确定性以及不精确性的特点；人眼对于图像的灰度级的识别也是模糊的。同时，这种不确定性也是经典数学所无法解决的，而且也不是随机出现的,因此,无法使用概率论来解决。直到 1965 年,美国人 L. A. Zaden 提出使用模糊理论来研究不确定性和不精确性,从此模糊理论正式进入了图像的处理之中。

2.6.2　模糊理论在图像处理中的应用

经过近 50 年的探索与发展,模糊图像处理已经形成了多种不同的理论分支,主要有以下几个方面。

(1)模糊几何学(度量、拓扑结构,…)

模糊几何学在图像处理中占有重要地位。一般来说,我们总是将一个物体的灰度图像阈值化以计算其几何度量,如面积、周长、直径和致密性等。由于图像边界的不分明性,有时候我们可以将其看成是一个模糊集。Azriel Rosenfield 提出模糊数字几何学的概念:"在图像分析和分割之前一般都是将图像分割成几个分区,然后再计算每个分区的性质和分区之间的关系。然而,这些分区通常其边界也是不分明的,因此,有时候我们可将其看作是图像的模糊子集。但是如何度量这些模糊集的几何性质并非易事,通常度量分区特性和分区之间关系(连接度(Connectedness)、环绕性(Surroundedness)、凹凸性(Convexity)的是周长、直径、致密性和内容(Content)"。

例如:如果需要计算一个对象的伸长性(Elongatedness),阈值化通常并非是最优的方法(大量信息损失)。最好的方法就是对原始灰度图像直接处理。如果我们定义一个合适的隶属函数,则图像中特定区域的面积和周长计算如下:

$$a(\mu) = \sum \mu \tag{2-6-1}$$

$$p(\mu) = \sum_{m=1}^{M} \sum_{n=1}^{N-1} |\mu_{mn} - \mu_{m,n+1}| + \sum_{m=1}^{M-1} \sum_{n=1}^{N-1} |\mu_{mn} - \mu_{m+1,n}| \tag{2-6-2}$$

M 和 N 分别为图像的长和宽,$\mu(\cdot)$ 为每个像素点对于特定区域的隶属度。根据上述定义的面积和周长,该模糊集的致密性可由下述公式来计算:

$$\text{Compactness}(\mu) = \frac{a(\mu)}{p^2(\mu)} \tag{2-6-3}$$

其他的度量和关系(如:长度、宽度、中间轴、密度等)请参照 Azriel Rosenfield,Sankar K. Pal 和 Ashish Ghosh 的有关文章。模糊几何的应用领域主要集中在图像增强,图像分割和图像描述中。

表 2-3 给出了模糊几何不同分支在图像处理中的应用情况。

表 2-3　模糊几何学分支

分支	向模糊集的扩展
数字形态学	连接度，环绕性，邻接性
公制	面积，周长，直径
导数度量	致密性，面积覆盖指数，伸长性
基本形状	圆盘，三角形，四边形
凸状	2 维延伸，凹和凸模糊集
骨架	中间轴，稀疏性，骨架

（2）模糊性度量和图像信息（熵、相关性、散度、期望值……）

如果我们将一幅图像看作是一个模糊集，那么我们必须回答的一个问题就是图像的模糊性有多大。我们可以使用图像增强、图像分割和分类的方法来增加或减少图像的模糊性。Arnold Kaufmann 介绍了一种图像模糊性指标：

$$\gamma_1 = \frac{2}{MN} \sum_m \sum_n \min(\mu_{mn}, 1 - \mu_{mn}) \tag{2-6-4}$$

这里我们假定图像为 $M \times N$，并且根据隶属度和其补集或余集的隶属度的不同来计算其模糊性的大小。同理可以定义模糊性的二次指标（the Quadratic Index）如下：

$$\gamma_q = \frac{2}{\sqrt{MN}} \Big[\sum_m \sum_n \{ \min(\mu_{mn}, 1 - \mu_{mn}) \}^2 \Big]^{\frac{1}{2}} \tag{2-6-5}$$

如果所有的隶属度均为 0 或 1，则其模糊性为 0，这时该图像为普通的图像或二值图像。如果所有的隶属度趋于 0.5，则其模糊性达到最大。

当然也可以用其他的方式来计算图像的模糊性。Deluca 和 Termin 介绍了下述（对数）模糊熵的方法：

$$H_{\log}(X) = \frac{1}{MN \ln 2} \sum_m \sum_n S_n(\mu_{mn}) \tag{2-6-6}$$

这里

$$S_n(\mu_{mn}) = -\mu_{mn} \ln \mu_{mn} - (1 - \mu_{mn}) \ln(1 - \mu_{mn}) \tag{2-6-7}$$

除此之外，还有其他的一些图像信息可以利用：模糊相关性（Fuzzy Correlation）、模糊期望值（Fuzzy Expected Value）、加权模糊期望值（Weighted Fuzzy Expected Value）、模糊散度（Fuzzy Divergence）和混合熵

(Hybrid Entropy)等。

（3）模糊聚类（模糊 C-均值、概率 C-均值，…）

有关模糊聚类算法的具体内容已经在本节前面部分介绍过。当模糊聚类算法应用于图像的处理之中，通常以图像的灰度级作为模糊聚类的样本，然后优化某种模糊度量，按照模糊聚类的迭代过程得到处理的结果。从上可以看出基于模糊聚类算法的图像处理实际上是一种优化过程。

自从 J. C. Bezdek 和 M. M. Trivedi 提出将模糊聚类算法用于图像分割以来，专家学者提出种种基于模糊聚类算法的图像处理方法：R. Krishna-puram 将模糊聚类用于计算机视觉中；R. N. Dave 应用模糊聚类算法检测数字图像中的线条和边界；国内也有学者也将模糊聚类算法应用到图像分割等领域，也取得了非常不错的效果。

（4）模糊度量（Sugeno 度量，可能性度量等）

Suego 于 1974 年给出模糊度量和模糊积分的概念。定义在集合 X 上的模糊度量 g 满足下述条件：

① $g(\phi)=0, g(X)=1$。

② E 和 F 为 X 的子集，如果 $E\leqslant F$，则 $g(E)\leqslant g(F)$。

一个模糊度量需要满足下列条件时才是一个 Suego 度量：

$$g_\lambda(E\bigcup F)=g_\lambda(E)+g_\lambda(F)+\lambda\cdot g_\lambda(E)\cdot g_\lambda(F) \qquad (2\text{-}6\text{-}8)$$

其中 λ 的值可由式(2-6-9)在条件 $g(\varphi)=0$ 时给出：

$$\lambda+1=\prod_{i=1}^{n}(1+\lambda g^i) \qquad (2\text{-}6\text{-}9)$$

模糊积分（在有的文献中也称为 Suego 积分）可被看作是一种集成操作（Aggregation Operator）。假定 X 为一个元素集（如特征、传感器或分类器等），定义一个映射 $h:X\rightarrow[0,1]$。$h(x)$ 可看作是赋给 x 的置信度（如经过某一特定分类器得到的类别隶属度）。根据模糊度量 g 所得到的 E（X 的子集）上的模糊积分为：

$$\int_E h(x)\circ g=\sup_{\alpha\in[0,1]}[\alpha\wedge g(E\bigcap H\alpha)] \qquad (2\text{-}6\text{-}10)$$

其中 $H_\alpha=\{x\mid h(x)>\alpha\}$。

在图像处理中，如果我们已有一个元素个数有限的集合 $X=\{x_1,x_2,\cdots,x_n\}$，当 $h(x_i)$ 是一个衰减函数时，模糊积分计算如下：

$$\int_E h(x)\circ g=\bigvee_{i=1}^{n}[h(x_i)\wedge g(H_i)] \qquad (2\text{-}6\text{-}11)$$

其中，$H_i=\{x_1,x_2,\cdots,x_i\}$。

模糊度量在图像处理中的应用主要集中在如下方面：图像分割；不同分

类器的融合;不同图像的融合;不同滤波器的融合。

(5)模糊推理系统(图像模糊化、推理、图像解模糊⋯⋯)

如果我们用语言变量来说明图像特征,则可以应用模糊推理系统来进行图像处理。此时最为关键的一步就是选取什么特征以作为模糊规则的语言变量,特征选取正确与否关系到最终的处理效果。另外要解决的第二个关键问题是模糊规则的建立,如何对模糊规则进行优化使得规则不互相冲突,并且要找到一组最佳的模糊规则。例如,对于图像分割,一个简单的规则如下:

如果某一像素是黑的,并且其邻域也是黑的,则该像素属于背景。

选取一组规则以后,就可以按照模糊推理的一般步骤进行图像处理。这种方法的好处是:

由于模糊规则是由专家知识得来的,因此该方法不是针对具体的图像,因而其具有很好的通用性。

文献①将模糊推理引入到边缘检测中来,提出一种基于多特征和模糊推理的边缘检测方法。文献②提出一种将传统的阈值法和模糊规则相结合的图像目标区域定位方法。

此外,还有模糊数学形态学方法(模糊腐蚀、模糊膨胀、…);组合方法(神经模糊方法或模糊神经方法、模糊遗传算法、模糊小波分析)等。

2.6.3 图像的模糊化

为了更好地应用上述理论,这里需要建立一种新的图像理解方式。因而图像的模糊化对于图像的处理显得十分关键。Tizhoosh 对图像的模糊化做过一个分类:基于直方图的灰度模糊化(或直方图模糊化);局部模糊化;特征模糊化(场景分析、目标识别)。

2.7 模糊模式识别技术在指纹自动识别系统中的应用

由于人的指纹细节特征所固有的不变性,多年来人们一直把它用于身

---

① 孔祥维,谢存,徐蔚然.基于多特征和模糊推理的边缘检测[J].电子学报,2000,28(6):36-39.

② 徐立亚,林纯青,戚飞虎.图像目标区域定位模糊法实现[J].红外与毫米波学报,1998,17(3):209-214.

份鉴定,并积累了大量丰富的经验。在过去很长一个时期里,利用指纹进行身份鉴定的工作都是靠人工来完成的。一般的做法是用油墨把指纹按捺在卡片上,然后在放大镜下对指纹进行人工分析以进行分类,建立相应的指纹分类档案。如需要从档案库中找出与现场指纹相同的对象,就必须组织大量的人力对比库中各个指纹的纹型结构和细节特征,以进行认定。由于现场指纹往往模糊不清,以及建档时因多种原因造成指纹按捺卡片质量不良(如油污、纸张质量不好等),使得在很多情况下只有有多年工作经验的专家才能胜任对比认定工作。在人口不断增加、社会治安问题越来越受重视的情况下,这种手工式的低效率的操作方式显然不能满足实际工作的要求。

随着计算机技术的迅速发展,逐渐形成了一个独立的学科——模式识别。在这个基础上,70 年代以来国外开始研究指纹自动识别系统,并很快地推出了第一代产品。我国在 80 年代初也开始了这方面的研究工作,通过"七五"和"八五"的十年攻关取得了显著的成绩,清华大学和北京大学都研制成功了实用的指纹自动识别系统,并在部分省市的公安系统中得到了实际应用。

值得注意的是,到目前为止所有产品化的指纹自动识别系统,在对模糊指纹分类处理和比对方面与人的能力相比还有不少差距。因此,如何把人的经验和知识用算法具体体现出来,以进一步提高自动化水平,组成一个更为有效的人机协作系统,就是这个典型的智能信息处理系统所面临的重要课题。

2.7.1　指纹自动识别系统的基本结构

根据不同的应用领域,指纹自动识别系统可以分成 2 种,一种是用于刑事案件侦破的系统,另一种是用于身份鉴定的保安系统。这 2 种系统在性能要求和系统结构上有所不同。就用于刑事案件侦破的系统而言,尽管规模不同,实施方案不同,但所要完成的功能大体相同,一般由以下几个模块或子系统组成:

(1)指纹图像输入模块

指纹图像输入模块利用扫描仪或摄像机从十指指纹卡片或现场指纹卡片输入一定面积的指纹图像,再将其转化为数字图像。扫描分辨率一般为 500 点/in(1 in＝2.54 cm)。

（2）指纹图像处理模块

指纹图像处理模块可以对数字化的指纹进行预处理,且能够自动提取指纹的中心点、三角点、纹型等细节特征。此外,还要对指纹的清晰度进行分析判断,然后决定是否需要进行人机交互。

（3）人机交互处理模块

主要用于刑事案件的侦破中,通常它比较重视专家经验。一般而言,设置人机交互模块的主要目的有两个方面:其一是对计算机自动提取的指纹进行编辑,以提高特征提取的精度;其二是在对比之前对指纹进行编辑,同时还需要参考其他参数。

（4）比对模块

比对模块按照某种匹配准则对指纹进行相似性度量,并根据某种得分规则将这种度量数字化,以便按照这种得分给出最终的比对结果。为了提高效率,比对一般分 2 步进行,首先利用性别、指位、纹型以及其他结构信息进行粗筛,在此基础上再利用细节特征进行精确比对。

（5）指纹图像压缩模块

指纹图像压缩模块对建库指纹图像进行压缩处理,然后将压缩数据存入数据库。在需要时又可以将压缩数据调出来并恢复指纹图像。

（6）指纹数据库

指纹数据库是用来存储指纹特征数据、指纹图像数据及一些前科信息。对指纹数据库的要求,除了一般的存储、搜索功能以外,还要着重考虑数据库的数据类型、数据库的处理能力以及数据库的处理功能等。

目前,国内一些系统采用的是商业数据库。这些数据库各方面的功能都比较完善,开发工作也比较简单。但由于系统消耗大,存取速度受到一定的限制,因此只适合于一些中小型系统。国外一些公司开发的系统,特别是一些利用硬件加速板来加快比对速度的大型系统,均开发了专用指纹数据库,以满足对数据存取的要求。

（7）远程网络查询

为了实现指纹资源共享,提高指纹识别系统的工作效率,多数系统都可提供远程网络查询系统,通过局域或广域计算机网络便能实现对中心系统的异地访问。

图 2-15 是一个典型的指纹识别系统的结构框图,从中可以清楚地了解各模块或子系统的相互关系。图 2-16 是指纹识别系统远程网络查询示意图,从图中可以看出,通过计算机网络能实现指纹数据库资源的共享。

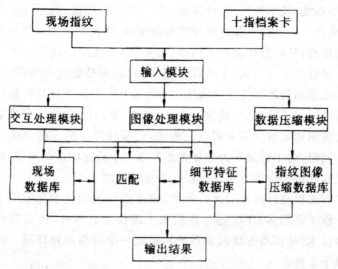

图 2-15　指纹识别系统结构框图

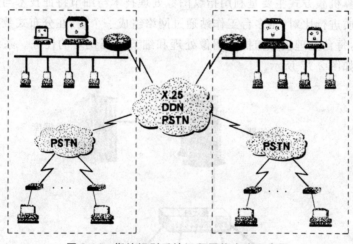

图 2-16　指纹识别系统远程网络查询示意图

2.7.2　指纹自动识别系统的实施方案

指纹识别系统有多种不同的实施方案。早期的指纹识别系统有专用的硬件比对器和处理器。这种系统的特点是效率高,图像处理和比对的速度快,并且保密性好。但其价格十分昂贵,同时算法的改进周期长、投资大,系统的配置亦不够灵活。

进入 20 世纪 80 年代,计算机技术有了突飞猛进的发展。随着 RISC

(精简指令系统)技术的应用,计算机CPU(中央处理器)的运算速度成倍提高,而价格却不断下降。并行处理技术的发展,更使得通用计算机的性能有了极大的提高,某些高档图形工作站(服务器)的性能已进入原大型机的世袭领地。最近几年,PC机(个人计算机)的发展更是快速和迅猛。因此,用软件技术在通用的图形工作站或高档PC机上实现高质量且价格便宜的中小规模指纹识别系统,已经成为一个可行的方案。目前,由清华大学等单位开发的指纹识别系统就是采用这一模式,而国外开发的一些系统也采用这种结构。同时,为了满足在大容量数据库条件下快速响应的要求,国外某些系统采用软硬件结合的方法从而提高系统的速度。

为了有效提高计算机的运行能力,很多指纹识别技术都采用了并行处理技术。除了采用多CPU的计算机来实现快速处理外,还充分利用了计算机网络技术,从而将指纹识别系统构造成一个网络运营环境。目前大体上采用以下2种方式。

(1)计算机簇(computer cluster)方式

计算机簇方式主要是利用指纹图像处理技术与细节特征技术与固有的并行性质进行比对,将多台工作站通过网络组成一个簇,在分布式数据库的支持下,每台处理机分担执行图像处理和细节特征比对的任务。系统的网络结构如图2-17所示。

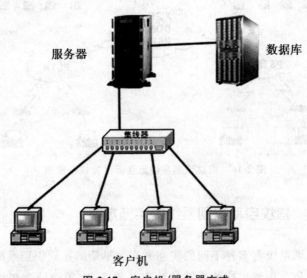

图2-17 客户机/服务器方式

(2)客户机/服务器(client/server)方式

客户机/服务器方式是由客户机、服务器构成的一种网络计算环境。它把应用程序所要完成的任务根据优化原则分派到客户机、服务器上,由它们共同承担。这是 90 年代发展起来的一种先进方式。图 2-18 是这种方式的示意图。

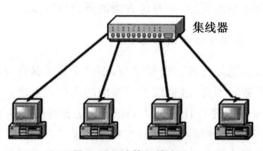

图 2-18　计算机簇方式

在指纹识别系统中,客户机一般采用比较低端的图形工作站,其主要功能是实现与用户的交互、数据库访问及部分数据处理任务。而服务器则采用高端机,其功能是数据处理以及数据库的管理。

2.8　模糊理论的研究现状与发展趋势

2.8.1　研究现状

自从 L. A. Zadeh 教授 1965 年在杂志《Information and Control》上发表著名的论文"Fuzzy Sets"标志模糊理论的产生,模糊理论及其应用技术走过了一段漫长而又曲折的发展历程。1978 年在国际上开始发行《Fuzzy Sets and Systems》专业杂志 1984 年"国际模糊系统学会"(International Fuzzy System Association,IFSA)成立,学会下设"智能系统"和"生产与经营中的模糊系统"两个研究部;1992 年 IEEE Fuzzy Systems 国际会议开始举办,每年一次;1993 年《IEEE Trans. on Fuzzy Systems》也开始出版。

现在,模糊理论的研究和发展已经在全世界范围内取得了不俗的成就,成为了科学界追逐的热潮。

2.8.1.1　理论研究现状

模糊理论是一门新兴的学科,虽然经过了近 40 年的发展,但是它在理论本身上还存在着不完善的地方。因此,近年来,对于理论本身的研究很多,主要集中于模糊理论的数学基础、模糊系统的稳定性分析、模糊系统的建模、模糊推理方法的运算等。此外,由于模糊规则获取方面的瓶颈问题以及规则数量维数灾难的问题,针对这方面的研究也较多。

2.8.1.2 与其他智能方法的结合

模糊技术与其他的智能方法相结合,不仅弥补了其自身的缺点,并且还能发挥彼此的优势。因此,这也成为了当前的研究热点之一。

人工神经网络的并行计算能力,在处理复杂问题时具有显著的优势。近年来,人们对于模糊神经网络的研究越来越热,主要集中在以下几点:将神经网络引入模糊系统的建模中,加强模糊系统的自学习能力,这方面的例子包括:使用神经网络对模糊规则进行优选和提取等;其次,就是将模糊的概念引入神经网络的研究中,改进神经网络的性能,这方面的例子主要有:对各种各样的模糊神经网络的研究,如:RBF 网络与 T-S 模糊逻辑系统的结合,模糊汉明神经网络,模糊 Hopfield 网络和联想记忆网络以及一些模糊神经网络的建模等,对于模糊神经网络学习算法研究也是这方面的一个重点;最后,模糊神经网络应用也成为研究与发展的热点。

遗传算法的优点是搜索不依赖于梯度信息。它特别适用于解决复杂的问题,可广泛用于组合优化、机器学习、自适应控制、规划设计和人工生命等领域。而模糊系统在自学习,自适应性,以及推理规则的提取和优化上均存在着缺点和瓶颈,因此,许多学者将模糊和遗传算法进行结合,取得了良好的效果,这方面的成果主要表现在:使用遗传算法对模糊系统的参数进行寻优,使用遗传算法研究模糊"if-then"规则的优化及隶属度函数的调整等。

模糊理论和粗糙理论在处理模糊问题时都推广了经典集合理论,且它们都可用来描述不精确性和不完全性,但它们的出发点和侧重点不同。虽然模糊理论和粗集理论特点不同,但它们之间有着很密切的联系,有很强的互补性。文献①和文献②对粗糙集和模糊理论的关系进行了较为详细的论述。借助模糊理论来研究粗糙集理论,通过模糊理论的结果给出粗糙集理论的一些性质,为粗糙集理论的研究打开了新的思路。文献②定义了粗糙

---

① 张梅,李怀祖,张文修.Fuzzy 信息系统的 Rough 集理论[J].模糊系统与数学, 2002,16(3)44:49.

② 李兵,吴孟达.粗糙集研究中的模糊集方法[J].模糊系统与数学,2002,16(2): 69-73.

隶属函数的概念,文献①用构造方法与公理化方法研究了一般模糊关系下的模糊粗糙集系统,给出了满足不同公理的近似算子与其相应的模糊关系之间的等价刻画。

由于模糊理论能模拟人脑思考中的不精确性,因此在多传感器信息融合系统中,它非常适合于处理多传感器所采集的模糊的、不确定性的信息。因而,它与信息融合这一美国国防部在下世纪优先发展的关键技术的结合也取得了良好的效果。这些成果主要表现在:模糊信息融合模型的构建,使用模糊测度和模糊积分进行不同性质传感器所采集数据的融合,将模糊的概念与神经网络、D-S 证据理论相结合进行信息融合,使用模糊推理进行信息融合,以及模糊信息融合技术在目标的识别和检测上的应用等。

2.8.1.3　应用现状

模糊理论是经过大量实践而提出的,因此模糊理论是一条理论结合实际的道路。除了上述理论的研究之外,模糊理论在实践中也获得了非凡的成就。

模糊理论首先是在控制理论中提出的,因此它在工业控制领域的成果也最为丰富。很多文献在非线性系统的自适应控制以及自学习上做出了一些努力。对于控制理论和各种控制模型的研究也很广泛。T-S 模糊逻辑系统是目前应用的最为广泛的模糊逻辑控制方法,文献②代表了目前对于 T-S 模型控制研究的最新成果。分层和组合优化的概念的引入也降低了实时模糊控制的计算量问题。此外,离散模糊控制器的设计也是模糊控制的热点之一。

除了在控制系统的应用之外,模糊理论应用较广的领域有模式的分类与识别。

模糊模式识别对于医疗诊断、天气预报以及信号检测等问题的研究,提出了许多有效的方法,并取得了非凡的成果。至今为止,对于上述问题的研究还不透彻,所以许多学者一直致力于这方面的研究,其主要的领域有:模糊动态识别、模糊模式匹配、模糊技术与统计技术的结合以及模糊推断等。

模糊聚类在目前的研究成果中所占的比例也相当大。主要成果表现

---

① 米据生,吴伟志,张文修. 粗糙集的构造与公理化方法[J]. 模式识别与人工智能,2002,15(3):280-284.

② 刘忠信,孙青林,陈增强等. 基于 T-S 模型的钻杆对中自适应预测控制[J]. 控制与决策,2002,17(3):372-384.

在:对于聚类数学基础的研究,对于模糊 C-均值聚类参数的选取问题,模糊聚类对于 RBF 神经网络的改进和聚类在目标识别中的应用等。

模糊图像处理方面的研究主要集中于图像的分割和边缘检测,文献①提出了一种新的基于模糊逻辑技术的指纹图像增强滤波器,针对指纹图像的平滑区域和边缘区域分别采用不同的模糊规则进行增强滤波。图像的压缩编码、图像理解、图像增强和数字图像水印也取得了相当的进展。

此外,随着模糊理论应用的逐渐成熟,对于模糊系统的硬件电路实现,也开始引起人们的重视,文献②和文献③使用 DSP 进行模糊逻辑系统的设计,取得了一些成效。

除了在工业领域的应用之外,模糊理论在社会科学中也有着非常广泛的应用。例如在证券、股票、公司业绩的预测上,模糊理论取得了相当不错的成果。而在管理决策以及运筹学上的应用已经相当成熟。

2.8.2 发展趋势

模糊理论已成为一门与经典精确理论相并列系统学科。虽然它自 1965 年问世以来,经过近 50 年的发展,但是这一理论从诞生之日开始直到现在还存在着争议,这表明模糊理论本身还不成熟。因此,模糊理论数学基础的探讨,对于完善模糊理论,消除分歧具有很大的意义。这方面的工作还很艰巨,路途也很遥远。

神经网络和模糊技术是两个发展成熟的方向,两者的结合产生的神经模糊技术以及其他技术都在不断地发展与完善,其发展成果在多个领域得到了有效应用。至于今后的发展,主要体现在神经模糊技术与模糊神经网络的理论和算法的发展和完善、有效的模糊神经网络模型的推陈出新、模糊神经网络应用领域的拓展等领域。

除了与各种各样的智能信息处理方法进行结合、应用外,模糊技术还可运用于知识表现和数据挖掘中,虽然目前在上述领域已取得了一些成果,但总的来说,这方面的研究还未能深入下去,这也是模糊技术发展的方向之一。

① 苏菲,孙景鳌,蔡安妮.基于模糊逻辑的指纹图像增强滤波[J].通信学报,2002,23(9):82-87.

② 韩安太,王树青.基于 DSP 的实时 T-S 型模糊控制器设计及其在直流无刷电机控制中的应用[J].自动化仪表,2003,24(4):360-363.

③ 沈理.一种快速模糊推理系统[J].计算机研究与发展,2002,39(4):406-409.

　　模糊控制一直是支持模糊理论发展的最大动力。今后控制理论所面临的最大问题是既要取得自身理论的发展，还要在实际应用中取得不错的成果。模糊控制-模糊专家系统-模糊控制工程将是构成未来系统——"人类友好系统(Hunman-Friendly System)"的重要途径。

　　尽管模糊控制系统在目前获得广泛应用，但还存在一些问题，只要将这些问题得到有效的突破，才能将模糊控制推向新的高度。

第 3 章 神经网络信息处理技术

人工神经网络是在现代神经科学研究成果的基础上提出来的,主要是关注人脑的微观结构,力图从人脑的物理结构上去研究人的智慧的产生和形成过程,因而它具有一定的智能性。具体表现在神经网络具有良好的容错性、层次性、可塑性、自适应性、自组织性、联想记忆和并行处理能力。目前人工神经网络已经涉及许多科学领域,如自动控制、图形处理、模式识别和信号处理等诸多领域。

3.1 神经计算方法概论

神经计算方法从信息科学的角度研究如何加速神经网络模仿和延伸人脑的高级神经活动,如联想、记忆、推理等智能行为。神经计算方法的研究涉及脑科学、认知科学、神经生物学、非线性科学、计算机科学、数学、物理学等诸多学科。它是综合研究和实现人类脑智能信息系统的一种新思想和新策略,综合并扩展了神经网络与计算智能的研究内容。

近 10 年来,针对神经计算方法的学术研究大量涌现,涉及联想记忆、自学习与自组织、计算机视觉等众多方面,取得了引人注目的进展。

神经计算方法是信息并行处理的基础,它进一步拓展了计算的内涵。神经计算的研究内容包括人工神经网络、生物神经网络、认知科学和混沌。神经计算方法模仿生物神经元结构,由多个简单的处理单元彼此按某种方式相互连接,形成一套复杂高效的计算系统,该系统对连续或断续式的输入作状态响应并进行信息处理。虽然每个神经元的结构和功能很简单,但由大量神经元构成的网络系统的行为却十分复杂。

作为一个高度复杂的非线性动力学系统,神经计算方法具有一般非线性系统的共性。神经计算方法在国民经济和国防科技现代化建设中具有广阔的应用前景,主要应用领域包括语音识别、图像识别预处理、计算机视觉、智能机器人、故障机器人、故障检测、实时语音翻译、企业管理、市场分析、决策优化、物资调运自适应控制、专家系统、智能接口、神经生理学、心理学和认知科学研究等。

3.2　神经网络的基本原理

单个神经元的解剖图如图 3-1 所示,神经元由 4 部分构成。

(1)细胞体(主体部分):包括细胞质、细胞膜和细胞核。

(2)树突:用于为细胞体传入信息。

(3)轴突:为细胞体传出信息,其末端是神经末梢,含传递信息的化学物质。

(4)突触:是神经元之间的接口($10^4 \sim 10^5$ 个神经元)。一个神经元通过其轴突的神经末梢,经突触与另外一个神经元的树突连接,以实现信息的传递。

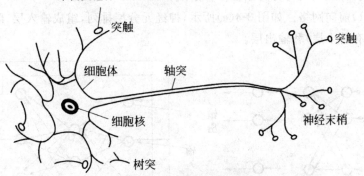

图 3-1　单个神经元的解剖图

3.3　神经网络的一般模型

3.3.1　一般形式的神经网络模型

通过对各种神经网络(BP 网、RBF 网、概率神经网络、最小误差神经网络、反馈网络等)的分析,可以总结出如图 3-2 所示的神经网络的一般模型。图 3-2 中 $\{X_1, X_2, \cdots, X_n\}$ 为网络的输入特征量;$\{W_1, W_2, \cdots, W_n\}$ 为权重值;$F(\cdot)$ 为一变换函数,可以是 S 形函数、阶跃函数,也可以是小波基函数或者是其他函数,从而形成相应的神经网络算法。

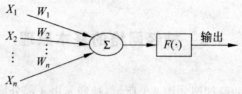

图 3-2　神经网络的一般模型

3.3.2　神经网络的模型分类

目前神经网络模型的种类相当丰富,其中典型的有多层前向传播网络(BP 网)、Hopfield 网络、CMAC 小脑模型、ART 自适应共振理论、BAM 双向联想记忆、SOM 自组织网络、Blotzman 机网络和 Madaline 网络等。

神经网络的强大功能就是通过神经元的互连而达到的。根据连接方式的不同,神经网络可分为以下 4 种形式:

(1)前向网络。如图 3-3(a)所示,神经元分层排列,组成输入层、隐含层(可以有若干层)和输出层。

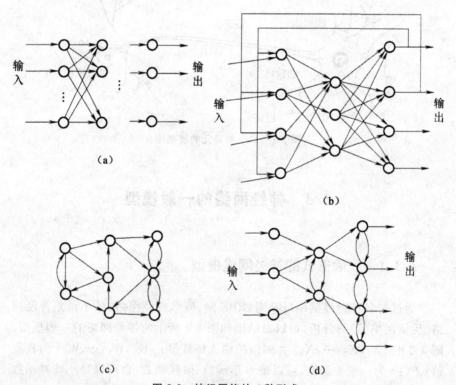

(a)

(b)

(c)

(d)

图 3-3　神经网络的 4 种形式

（2）反馈网络。每一个输入结点都有可能接收来自外部的输入和来自输出神经元的反馈，如图 3-3(b)所示。

（3）相互结合型网络。如图 3-3(c)所示，这种神经网络模型在任意两个神经元之间都可能存在连接。

（4）混合型网络。它是层次型网络和网状结构网络的一种结合，如图 3-3(d)所示。

3.3.3　神经网络学习算法

学习的过程实质上是针对一组给定输入 $X_p(p=1,2,\cdots,N)$ 使网络产生相应期望输出的过程。总的来说，神经网络的学习算法分为两大类，即有导师学习和无导师学习，如图 3-4 所示。

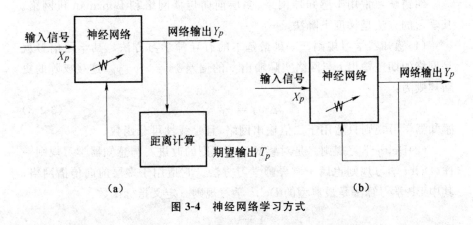

图 3-4　神经网络学习方式

神经网络学习规则根据连接权系数的改变方式不同，又可分为如下3类。

3.3.3.1　相关学习

相关学习是仅仅根据连接间的激活水平改变权系数，常用于自联想网络，执行特殊记忆状态的死记式学习。最常见的学习算法是 Hebbian 学习规则。

Hebb 在 1949 年提出了网络学习 Hebbian 规则。Hebbian 学习规则的基本思想是：如果单元 u_i 接收来自另一单元 u_j 的输出，那么，若两个单元都高度兴奋，则从 u_j 到 u_i 的权值 w_{ij} 便得到加强。用数学形式可以表示为：

$$\Delta w_{ij} = g(y_i(t),t_i(t))h(o_j(t),w_{ij}) \tag{3-3-1}$$

式中，$t_i(t)$ 是对于 u_i 的一种理想输入。

简单地说,式(3-3-1)意味着,从 u_j 到 u_i 的连接权阵的修改量是由 u_i 的活跃值 y_i 和它的理想输入 t_i 的函数 g,以及 u_j 的输出值 $o_j(t)$ 和连接强度 w_{ij} 的函数 h 的积确定。在 Hebbian 学习规则的最简单形式中没有理想输入,而且函数 g 和 h 与它们的第一个自变量成正比。因此,有

$$\Delta w_{ij} = \eta y_i o_j \tag{3-3-2}$$

式中,η 表示学习步长。

相关学习法实际上是一种有导师指导下的 Hebbian 学习法,它是将 Hebbian 学习法[见式(3-3-2)]中的 y_i 用期望输出值 t_i 来代替,即

$$\Delta w_{ij} = \eta t_i x_j \quad i = 1, 2, \cdots, n_o, j = 1, 2, \cdots, n_i$$

相关学习法的权系数初值通常取为 0。

3.3.3.2　纠错学习

纠错学习常用于感知器网络、多层前向传播网络和 Bohzman 机网络。其学习的方法是梯度下降法。

(1)感知器学习规则。一种最基本的有导师学习方法。其学习信号就是网络的期望输出 t 与网络实际输出 y 的偏差 $\delta_j = t_j - y_j$。连接权阵的更新规则为:

$$\Delta w_{ji} = \eta \delta_j y_i \tag{3-3-3}$$

感知器学习规则只适用于二值输出网络,且是线性可分函数。

(2)Delta 学习规则。是对感知学习规则的改进。与感知器学习规则一样,Delta 学习规则也属于有导师学习方法。它适用于多层前向传播网络,其中 BP 学习算法是最典型的 Delta 学习规则。定义指标函数:

$$E_p = \frac{1}{2} \sum_{i=1}^{n_o} (t_i - y_i)^2$$

连接权阵的更新规则为:

$$\Delta W = -\eta \nabla E_p$$

(3)Widrow-Hoff 学习规则。由 Widrow 和 Hoff 在 1962 年共同提出来的,主要用于有导师学习。当输出单元为线性函数时,其校正量为 $\delta_j = t_j - W_i T_X$,有

$$\Delta w_{ji} = -\eta \delta_j X_i \quad i = 1, 2, \cdots, n$$

实质上,Widrow-Hoff 学习规则是 Delta 学习规则的一个特例,即当输出单元为线性单元时,Delta 学习规则就退化为 Widrow-Hoff 学习规则。

3.3.3.3　无导师学习

无导师学习常用于 ART、Kohonen 自组织网络。在这类学习规则中,

关键不在于实际结点的输出怎样与外部的期望输出相一致,而在于调整参数以反映观察事件的分布。

如图 3-5 所示的前向传播神经网络结构,Winner-Take-All 学习规则的基本思想是:假设输出层共有 n_o 个输出神经元,且当输入为 x 时,第 m 个神经元输出值最大,则称此神经元为胜者,并将与此胜者神经元相连的权系数 W_m 进行更新。其更新公式为:

$$\Delta w_{mj} = \eta (x_j - w_{mj}) \quad j = 1, 2, \cdots, n_i$$

式中,η 为小常数,$\eta > 0$。

虽然学习算法众多,但无论哪一种都不是完全理想的,它们都受到这样或那样的限制。因此,在神经网络理论的研究中,学习算法的研究占据重要一席之地。学习速度、算法的可靠性和通用性是评价一个学习算法好坏的重要因素,对学习算法的进一步改进应该着重于这些方面。

除此之外,在神经网络理论的研究中还有许多问题有待解决,例如:

(1)神经网络能否实现期望的表示?满足期望输入输出映射的网络权阵是否存在?

(2)学习算法能否保证权值收敛于真值?

(3)权值能否通过网络训练达到最佳值?

(4)神经网络的泛化能力是否充分?

(5)训练样本集是否合理?它们能否充分地描述系统的输入输出特性?

对于这些问题的满意解答目前还没有定论。因此,人们对人工神经网络的利用还带有许多经验性的判断。目前,人们不能保证对于一个给定的神经网络、学习算法和训练样本集都能够产生满意的逼近结果,因此就现在的背景知识而言,为了得到较好的结果,大量的实验是不可避免的。

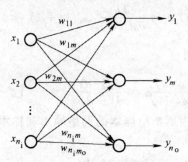

图 3-5　前向传播神经网络结构

细胞神经网络很好地描写了非线性动力学系统,它是局部连接细胞的空间排列,其中每个细胞都是具有输入、输出及与动力学规则相关的状态的非线性动力学系统。细胞神经网络广泛用于图像及视频信号处理、机器人及生物学、高级脑功能等研究领域。

3.4 BP 神经网络模型及其相关问题的探讨

BP 网络是在 1986 年由 Rumelhart 和 McCelland 领导的科学家小组所提出的,它是一种利用误差反向传播算法进行训练的多层前馈网络,是目前成功应用最广泛的神经网络模型之一。

3.4.1 BP 网络学习算法

BP 网络学习算法的基本思想是:通过一定的算法调整网络的权值,使网络的实际输出尽可能接近期望的输出。在本网络中采用误差反传(BP)算法来调整权值。

假设有 m 个样本 $(\hat{X}_h, \hat{Y}_h)(h = 1, 2, \cdots, m)$,将第 h 个样本的 $\hat{X}_h$ 输入网络,得到的网络输出为 Y_h,则定义网络训练的目标函数为 $J = \frac{1}{2} \sum_{h=1}^{m} \| \hat{Y}_h - Y_h \|^2$。网络训练的目标是使 J 最小,其网络权值 BP 训练算法可描述为:

$$\omega(t+1) = \omega(t) - \eta \frac{\partial J}{\partial \omega(t)}$$

式中,η 为学习率。

针对 $\omega_{jk}^{(2)}$ 和 $\omega_{ij}^{(1)}$ 的具体情况,训练算法可分别描述为:

$$\omega_{jk}^{(2)}(t+1) = \omega_{jk}^{(2)}(t) - \eta_1 \frac{\partial J}{\partial \omega_{jk}^{(2)}(t)}, \omega_{ij}^{(1)}(t+1) = \omega_{ij}^{(1)}(t) - \eta_2 \frac{\partial J}{\partial \omega_{ij}^{(1)}(t)}$$

令 $J = \frac{1}{2} \hat{Y}_h - Y_h^2$,则

$$\frac{\partial J}{\partial \omega} = \sum_{h=1}^{m} \frac{\partial J_h}{\partial \omega}, \frac{\partial J_h}{\partial \omega_{jk}^{(2)}} = \frac{\partial J_h}{\partial Y_{hk}} \frac{\partial Y_{hk}}{\partial \omega_{jk}^{(2)}} = - (\hat{Y}_{hk} - Y_{hk}) Out_j^{(2)}$$

式中,Y_{hk} 和 $\hat{Y}_{hk}$ 分别为第 h 组样本的网络输出和样本输出的第 k 个分量。而且有

$$\frac{\partial J_h}{\partial \omega_{ij}^{(1)}} = \sum_k \frac{\partial J_h}{\partial Y_{hk}} \frac{\partial Y_{hk}}{\partial Out_j^{(2)}} \frac{Out_j^{(2)}}{\partial In_j^{(2)}} \frac{\partial In_j^{(2)}}{\partial \omega_{ij}^{(1)}} = - \sum_k (\hat{Y}_{hk} - Y_{hk}) \omega_{jk}^{(2)} \phi' Out_i^{(1)}$$

上述训练算法可以总结如下:

(1)依次取第 h 组样本 $(\hat{X}_h, \hat{Y}_h)(h = 1, 2, \cdots, m)$,将 $\hat{X}_h$ 输入网络,得到网络输入 Y_h。

(2)计算 $J = \dfrac{1}{2}\sum\limits_{h=1}^{m}\parallel \hat{Y}_h - Y_h \parallel^2$，如果 $J < \varepsilon$，退出训练；否则，进行第 (3)～(5)步。

(3)计算 $\dfrac{\partial J_h}{\partial \omega}(h = 1,2,\cdots,m)$。

(4)计算 $\dfrac{\partial J}{\partial \omega} = \sum\limits_{h=1}^{m}\dfrac{\partial J_h}{\partial \omega}$。

(5) $\omega(t+1) = \omega(t) - \eta\dfrac{\partial J}{\partial \omega(t)}$，修正权值，返回(1)。

3.4.2　BP 神经网络建模

BP 神经网络模型的拓扑结构形式一般比较固定。研究表明，涉及 BP 神经网络模型的核心问题仍然是学习问题，其学习训练需要注意以下问题。

(1)BP 学习算法是一种非常耗时的算法，对于共有 N 个连接权重的网络，虚席时间是 PC 上的 $O(N)$ 进行量。N 值越大，需要收集的训练样本越多，以便为估计权重系数提供充分的数据。

(2)适当地选取 n 值，尽管较大的 n 值有助于提高学习效率，但也会引起振荡。

(3)由于不可能从这样的结构得到非等权重值结构，因此不允许网络中各初始化权重值完全相等。

(4)一个由三层神经元构成的前馈网络可以形成任意复杂的判决区域，因此即使模式空间的分布出现内齿合状情况，网络也能对模式集合进行正确分类。

(5)在网络的同一层中，过多的神经元会引起噪声，但是这种神经元数目的冗余度又使得网络的容错性得到了提高。

(6)从数字上看，BP 学习算法是一种梯度最速下降法，这就不可避免地存在局部最小值问题。

(7)对于一个特定问题，有可能出现无论是增加隐含层还是增加神经元数目对问题的解决都没有多少帮助的情况。

3.4.3　发动机神经网络 BP 算法建模

3.4.3.1　发动机性能曲线神经网络处理方法

以复杂的万有特性曲线拟合为例，图 3-6 为一个三层 BP 神经网络，经过对离散试验数组的训练学习后,该网络便能反映输入层转速 n 和功率 P_e 与输出层油耗 b_e 以及 T_c 关于 n 和 P_e 的近似函数表达式。在绘图时,只要在规定范围内重新给出任何输入(n 和 T_e),然后用画等高线的方法可以很容易地给出等高油耗线。发动机其他性能曲线要和类似的 BP 神经网络拟合得到,具体步骤如下:

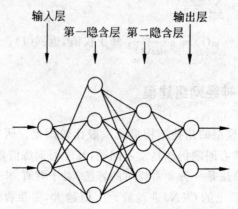

输入层　　　　　　　　　　　　输出层
第一隐含层　第二隐含层

图 3-6　拟合万有特性的三层 BP 神经网络模型

(1)先给出 p 个训练对 (X_1, T_1)、(X_2, T_2)、$\cdots$、(X_p, T_p)。

(2)预置较小的随机权重矩阵。

(3)施加输入模式 X_p 于网络,计算 $y_i = f(W_j X_p)$,W_j 是 W 矩阵中的第 j 行,即输出接点 j 的权重值列矢量。

(4)修改权重值:$W_{new} = W_{old} + \Delta W = W_{old} + \eta \delta_y X^T$。

(5)计算输出全局误差:$e = \dfrac{1}{2} \sum_{p=1}^{n} \sum_{j=1}^{p} (t_{j,p} - y_{j,p})^2 = \sum_{p=1}^{n} E_p$。

返回第(2)步,向网络加下一个模式对,直到 p 个模式对均循环一遍,再进行第(6)步。

(6)若 $E < E_{max}$(预先设定的定值),则停止训练;否则,令 $E=0$,返回第(2)步。

上述步骤中,p 表示训练样本序数($p=1,2,3,\cdots,n$);j 为训练对数目;$y_{j,p}$ 表示相应于第 j 个输出点和第 p 个训练点的样本输出值;η 为算法的学习率。

3.4.3.2　发动机神经网络辨识结构

汽车发动机本身是一个非常复杂的系统。发动机模型涉及前反馈神经网络、自组织神经网络和发动机动态议程和参数。图 3-7 给出了 JL47Q1 发动机神经网络辨识结构的一个方案。

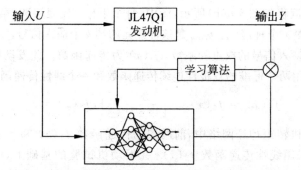

图 3-7　JL47Q1 发动机神经网络辨识结构

　　发动机输出转矩神经网络模型是在 JL47Q1 发动机实验数据模型的基础上建立的。如图 3-8(a)所示,该神经网络共有 3 层,分别有 5、4 和 1 神经元。输入层是规格化的节气门开度和发动机转速。输出层是对应特定节气门开度和发动机转速下的发动机稳态输出转矩。在此神经网络中,每个神

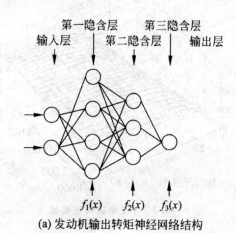

(a) 发动机输出转矩神经网络结构

(b) 神经元(i, j)计算

图 3-8　发动机输出转矩神经网络

经元的计算流程如图 3-8(b)所示,图中,每个下标 i 代表层数,第二个下标 j 代表 i 层的第 j 个神经元。$p_{i,j,k}$ 是该神经元的第 k 个输入信号,$w_{i,j,k}(i,j)$ 和 $k_{i,j,k}$ 分别是输入信号的权重和系数,$f_i(x)$ 为传递函数。此发动机输出转矩神经网络采用两个标准的双极性连续传递函数和一个线性传递函数表示,即

$$f_1(x) = f_2(x) = \frac{2}{1+\mathrm{e}^{-2x}} - 1, f_3(x) = x$$

在发动机转矩神经网络中,前两层的传递函数 $f_1(x)$ 和 $f_2(x)$ 是相同的,第三层采用线性传递函数 $f_3(x)$。在发动机试验的基础上,网络能调整所有神经元的权重和系数来表征发动机节气门开度、转速和输出转矩之间的关系。通过网络训练 3 000 次,均方误差均收敛至 0.05,拟合的发动机输出转矩结果如图 3-9 所示(转速:0~6 000 r/min、节气门开度:0~100%),拟合的数据与发动机试验数据的相关度为 99.81%。

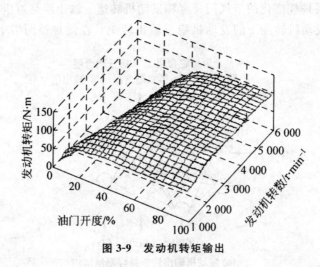

图 3-9　发动机转矩输出

将发动机由等效转动惯量表示,其动力学模型为:

$$J_e\dot{\omega}_e + B_e\omega_e = M_e - M_i$$

式中,J_e 为发动机等效转动惯量,包括曲轴、飞轮和液力变矩器泵轮;B_e 为摩擦因素;M_e 发动机稳态工况输出转矩。

由于神经网络只能提供发动机稳态转矩,则采用以下方程来预测发动机转矩瞬态的变化,即

$$M_n = f_N(\alpha_e, \omega_e) = \frac{\tau_e}{\omega_e}M_e + M_i$$

式中,M_n 为由神经网络计算获得的发动机稳态转矩,用函数 f_N 表示;α_e 和 ω_e 分别代表发动机节气门开度和角速度;τ_e/ω_e 为扭矩系数。

3.5 　贝叶斯-高斯神经网络非线性系统辨识

3.5.1 　BPNN 分析

为了解决过程系统的非线性及被控变量和内部变量的约束问题,人们广泛使用基于人工神经网络的预测控制策略。其中,最常用的是反向传输神经网络(Back-Propagation Neural Network,BPNN)。由于基于贝叶斯假设,构造了前向推理神经网络,并将其称为贝叶斯-高斯神经网络(Bayesian-Gaussian Neural Network,BGNN)。该网络具有以下优点:远高于 BPNN 的学习速度;与 BPNN 相当的推广能力;具有 BPNN 所不具备的自组织能力等。

3.5.2 　BG 推理模型和 BGNN

设 $(x_i,y_i)(i=1,2,\cdots,N)$ 为训练样本集合,其中 N 称为网络的阶, $x_i=(x_{i1},x_{i2},\cdots,x_{im})$ 是 M 维样本输入, y_i 是一维样本输出。问题是,当知道样本 (x_i,y_i) 时,如何在 x 处对 y 进行推广?或用概率的置信水平观点,当知道单一信息源 (x_i,y_i) 时, $\gamma(x)$ 的概率分布是怎样的?进一步,当知道样本集 $(x_i,y_i)(i=1,2,\cdots,N)$ 时,如何在 x 处对 y 进行推广,或 $\gamma(x)$ 的概率分布又会是怎样的?

3.5.2.1 　基于单一信息源的 $\gamma(x)$

在高斯假设下,先验概率密度函数(Probability Density Function,PDF) $p(\gamma)$ 服从 $N(y_0,\sigma_0^2)$,而条件 PDF $p(\gamma_i=y_i\mid\gamma)$ 服从 $N(\gamma,\sigma_i^2)$,下标"0"表示先验信息,则

$$p(\gamma)=\frac{1}{\sqrt{2\pi}\sigma}\exp\left[-\frac{(\gamma-y_0)^2}{\sigma_i^2}\right]$$

$$p(\gamma_i=y_i\mid\gamma)=\frac{1}{\sqrt{2\pi}\sigma}\exp\left[-\frac{(y_i-\gamma)^2}{\sigma_i^2}\right]$$

定义 3.5.1 设 σ_0^2 为 $p(\gamma)$ 的方差、 σ_i^2 为 $p(\gamma_i=y_i\mid\gamma)$ 的方差,则有

$$\sigma_i^2=\sigma_0^2 e(x-x_i)^{\mathrm{T}}D(x-x_i)$$

式中, D 为阈值对角矩阵, $D=\mathrm{diag}[d_{11}^{-2},d_{22}^{-2},\cdots,d_{mn}^{-2}]$; $d_{11},d_{22},\cdots,d_{mn}$ 为

输入因子。由贝叶斯定理：

$$p(\gamma \mid \gamma_i = y_i) = \frac{p(\gamma)p(\gamma_i = y_i \mid \gamma)}{p(\gamma_i = y_i)}$$

可推导出：

$$p(\gamma \mid \gamma_i = y_i) = \frac{1}{2\pi\sigma_0\sigma_i p(\gamma_i = y_i)} \exp\left\{-\frac{1}{2}\left[\frac{(\gamma - y_0)^2}{\sigma_0^2}\right]\right\} -$$

$$c_1 \frac{1}{\sqrt{2\pi}\sigma_{0,i}} \exp\left[-\frac{(y - y_{0,i})}{2\sigma_{0,i}^2}\right]$$

式中，$p(\gamma_i = y_i)$、y_0、σ_i 为常数；c_1 为归一化因子。且

$$\sigma_{0,i}^2 = \sigma_0^2 + \sigma_i^2, y_{0,i} = \sigma_{0,i}^2(\sigma_0^{-2}y_0 + \sigma_i^{-2}y_i)$$

当知道单一信息源 (x_i, y_i) 后，就可以计算 $\gamma(x)$ 的后验概率分布。

3.5.2.2 基于多个信息源的 $\gamma(x)$ 概率分布

下面给出信息合成原理，可以根据贝叶斯定理证明。

信息合成原理：设单一信息 γ_i 对 γ 的贡献为 $p(\gamma \mid \gamma_i)$。γ_i 对 y_j 关于 γ 条件独立 $(i, j = 1, \cdots, N; i \neq j)$。那么信息源 γ_1、γ_2、$\cdots$、γ_N 联合对 γ 的贡献为：

$$p(\gamma \mid \gamma_1, \gamma_2, \cdots, \gamma_N) = k \frac{\prod_{i=1}^{N} p(\gamma \mid \gamma_i)}{p^{N-1}(\gamma)}$$

3.5.2.3 BG 推理模型

继续推理上式，可得：

$$p(\gamma \mid \gamma_1, \gamma_2, \cdots, \gamma_N) = p(\gamma \mid \gamma_1 = y_1, \gamma_2 = y_2, \cdots, \gamma_N = y_N)$$

$$= c_2 \frac{\prod_{i=1}^{N} \frac{1}{\sqrt{2\pi}\sigma_{0,i}} e^{-\frac{1}{2}\frac{(r-y_{0,j})^2}{\sigma_{0,j}^2}}}{\left[\frac{1}{\sqrt{2\pi}\sigma_0}\right]^{N-1} e^{-\frac{N-1}{2}\frac{(r-y_{0,j})^2}{\sigma_0^2}}}$$

式中，c_2 是与 γ 无关的归一化因子。由于在 γ 的范围内分子很大，先验概率分布可近似为常数，且 σ_0^2 相当大，作为合理的近似，分母可以并入归一化因子。此外，可以近似地有 $\sigma_{0,i}^2 \approx \sigma_i^{-2}$、$y_{0,i} \approx y_i$。在高斯假设下有：

$$p(\gamma \mid \gamma_1, \gamma_2, \cdots, \gamma_N) = c_2 \frac{N}{\sqrt{2\pi}} \prod_{i=1}^{N} \frac{1}{\sigma_i} \exp\left[-\frac{1}{2}\frac{(\gamma - y_i)^2}{\sigma_i^2}\right]$$

$$= c_3 \frac{1}{\sqrt{2\pi}} \prod_{i=1}^{N} \frac{1}{\sigma_i} \exp\left[-\frac{1}{2}\sum_{i=1}^{N}\frac{\gamma^2 - 2y_i\gamma + y_i^2}{\sigma_i^2}\right]$$

$$= c_4 \frac{1}{\sqrt{2\pi}\sigma(N)} \exp\left[-\frac{1}{2}\sum_{i=1}^{N}\frac{(\gamma - y'(N))^2}{\sigma(N)^2}\right]$$

式中，c_3、c_4 为与 γ 无关的归一化因子。且

$$y'(N) = \sigma(N)^2 \sum_{i=1}^{N}\sigma_i^2 y_i, \sigma(N)^{-2} = \sum_{i=1}^{N}\sigma_i^{-2}$$

这些式子集合构成了贝叶斯-高斯（Bayesian-Gaussian）推理模型。根据该模型，假定有 N 个训练样本 $(x_i, y_i)(i = 1, 2, \cdots, N)$，并且已经训练得到合适的输入阈值矩阵 D，在新的输入点为 x 时，推理结果为 $y'(N)$，其置信水平（或方差）为 $\sigma(n)^2$。如果训练样本在不断增多（即推理的证据在不断增多），在 x 处的推理可采用递归模型实现。设已有 $N-1$ 个训练样本，且已在 z 处进行推理，其结果为 $(y'(N-1), \sigma(N-1)^2)$，那么当增加 N 个样本时，推理结果为 $(y'(N), \sigma(N)^2)$，其递归算法为：

$$\sigma_N^2 = \sigma_0^2 e^{(x - x_N)^{\mathrm{T}}D(x - x_N)}$$

$$\sigma(N)^{-2} = \sigma(N-1)^{-2} + \sigma_N^{-2}$$

$$y'(N) = \sigma(N)^2 \left[\sigma(N-1)^{-2}y'(N-1) + \sigma_N^{-2}y_N\right]$$

这种递归推理方式在自组织过程中将省去大量的重复计算工作。

3.5.2.4　BGNN 及其训练算法

BGNN 的连续权重值和阈值可以根据训练样本直接得到，而网络的训练是为了确定输入阈值矩阵 D 或输入因子，以使下式的 E 最小化，即

$$\min E = \min_D \frac{1}{2N}\sum_{n=1}^{N}(y_n - y'_n)^2$$

$$\min E = \min_W \frac{1}{2N}\sum_{n=1}^{N}(y_n - y'_n)^2$$

式中，N 为网络的阶；y_n 和 y'_n 为网络对样本 n 的期望输出（即样本输出）和实际输出。注意到 BGNN 的先验概率方差 σ_0^2 也需要确定。仿真研究表明：σ_0^2 的大小对推广结果的影响很小，因此本节中设定 $\sigma_0^2 = 1$。正如 BPNN 一样，训练样本必须归一化，使输入和输出分别在 $[-1.0, +1.0]$ 和 $[0.0, +1.0]$ 之间。

3.5.3　BGNN 的自组织过程

一个 N 阶 BGNN 已训练完毕，在某一时刻需要增加一个样本，并从这 $N+1$ 个样本中删除一个样本。比如，原来训练样本集为 (x_1, y_1)、(x_2, y_2)、$\cdots$、(x_N, y_N)，并且现在又有一个新的样本 (x_μ, y_μ)。

下面采用样本的均方预测误差 ε_M 作为删除样本的依据,定义如下:

定义 3.5.2 设有样本集 $(x_i, y_i)(i = 1, 2, \cdots, N+1)$。在样本输入点处 x_i,网络的输出可以由其他 N 个样本推理得到,其结果为 $(y_i'(N), \sigma_i(N)^2)$。那么样本 i 处,$\varepsilon_{M,i}$ 定义为:

$$\varepsilon_{M,i} = E(y_i - \gamma_i(N))^2$$
$$= \gamma \int_{-\infty}^{+\infty} (y_i - \gamma_i(N))^2 p(\gamma_i(N) \mid \gamma_1, \gamma_{i-1}, \cdots, \gamma_{N+1}) \mathrm{d}\gamma_i(N)$$
$$= (y_i - y_i^t(N))^2 + \sigma_i(N)^2$$

显然,应该从这 $N+1$ 个样本中删除掉 ε_M 最小的一个。在自组织过程中,样本 $(x_i, y_i)(i = 1, 2, \cdots, N+1)$ 的 $\varepsilon_{M,i}$ 可通过 x_μ 直接输入并由 (x_μ, y_μ) 和 $(y_i'(N-1), \sigma_i(N-1)^{-2})$ 构造的递归 BGNN 计算得到。当一个样本从 $N+1$ 个样本中删除后,它对网络其他样本点处推广的影响也必须同时消除,这也可通过 BGNN 递归算法实现。

3.5.4 仿真研究

本节中采用 BGNN 对一个典型的单输入、单输出系统进行辨识和预测的仿真研究。为比较 BGNN 和 BPNN 的学习时间,对于 BPNN 采用权重值和阈值矩阵来反映传播学习算法,即

$$\Delta\omega_{ji}(t) = \eta \frac{\partial E}{\partial \omega_{ji}} + \alpha \Delta\omega_{ji}(t-1)$$

为比较 BGNN 和 BPNN 的预测能力,定义预测系统平均相对误差 ε_p 如下。

定义 3.5.3 设 y 表示过程的实际输出,y' 表示网络的预测输出,M 为校验样本数,则

$$\varepsilon_p = \frac{1}{M} \sum_{i=1}^{M} \left| \frac{y_i - y_i'}{y_i} \right|$$

显然,ε_p 越小,网络的预测能力越强。

仿真研究表明,BGNN 的训练速度远高于 BPNN。如果系统模型在网络训练后没有漂移,则 BGNN 的预测能力比 BPNN 稍差,而如果模型有漂移,则前者的预测能力远强于后者。

BGNN 的提出为实际系统基于模型的预测控制提供了一种有效的手段。

3.6 模糊神经网络信息处理

本节着重讨论模糊信息处理与神经网络信息处理的融合技术、模糊神

经网络模型、模糊推理网络、模糊逻辑神经网络信息处理、模糊规则系统网络、基于模糊神经网络的模型参考自适应控制及模糊识别应用。目前这些模糊神经网络已广泛应用于智能控制、智能信息处理、智能决策系统、智能传感器融合信息处理技术中。

3.6.1　模糊逻辑神经网络信息处理器

3.6.1.1　模糊逻辑神经元

模糊控制规则的描画，一般是用逻辑运算符"and""or"来连接它的从句的。例如，控制规则：

$$If \ E=A \ and \ CE=B \ then \ u=C$$

则从句"$E=A$"和从句"$CE=B$"是用逻辑运算符"and"连接的。很明显，如果神经元的数学模型是用逻辑符表述的，那么将它用于表达模糊控制规则是十分方便的。

加拿大的 W. Pedrycz 在 1993 年提出了逻辑神经元概念，并给出了聚合逻辑神经元 ALN(Aggregatire Logic Neuron)和参考逻辑神经元 RLN(Referemial Logic-based Neuron)两类逻辑神经元的数学模型。聚合逻辑神经元用于表示控制规则是十分方便的。在这里，介绍用 OR 神经元和 AND 神经元表达控制规则的方法。

对输入的信号执行逻辑操作的神经元称为逻辑神经元。逻辑神经元中执行聚合逻辑操作的称为聚合逻辑神经元。

聚合逻辑神经元有 OR 神经元和 AND 神经元两种，它们分别执行不同的逻辑操作功能。

(1)OR 神经元。对输入的各个信号和相应的权系数执行逻辑乘操作，然后对所有的操作结果执行逻辑加操作的逻辑神经元称 OR 神经元。

OR 神经元的数学模型如下：

$$y=OR(X;W) \tag{3-6-1}$$

式中，y 是 OR 神经元的输出；X 是 OR 神经元的输入；$X=\{x_1,x_2,\cdots,x_n\}$；W 是输入与神经元的连接权系数，$W=\{\omega_1,\omega_2,\cdots,\omega_n\}$，$\omega_i\in[0,1]$（$i=1,2,\cdots,n$）。

故而，式(3-6-1)可以写成下式：

$$y=OR[\ x_1 \ and \ \omega_1,x_2 \ and \ \omega_2,\cdots,x_n \ and \ \omega_n\ ]$$

或者：

$$y = \bigvee_{i=1}^{n} [x_i \wedge \omega_i] \qquad (3\text{-}6\text{-}2)$$

OR 神经元是执行逻辑加的聚合操作的,它和一般逻辑加的门电路的功能是不一样的。关键在于 OR 神经元对输入信号 x_i 和权系数 ω_i 先执行逻辑乘,然后对结果执行逻辑加。而一般逻辑加的门电路则是直接对输入信号 x_i 执行逻辑加。

(2)AND 神经元。对输入的信号和相应的权系数分别对应执行逻辑加,然后再对所有结果执行逻辑乘操作的神经元称 AND 神经元。

AND 神经元的数学模型如下:

$$y = AND(X;W) \qquad (3\text{-}6\text{-}3)$$

式中,y 是 AND 神经元的输出;X 是 AND 神经元的输入;$X = \{x_1, x_2, \cdots, x_n\}$;$W$ 是输入与神经元的连接权系数,$W = \{\omega_1, \omega_2, \cdots, \omega_n\}$,$\omega_i \in [0, 1](i = 1, 2, \cdots, n)$。

故而,式(3-6-3)可以写为如下形式:

$$y = AND[x_1 \text{ OR } \omega_1, x_2 \text{ OR } \omega_2, \cdots, x_n \text{ OR } \omega_n]$$

或者:

$$y = \bigwedge_{i=1}^{n} [x_i \vee \omega_i]$$

AND 神经元和一般的逻辑乘门电路的最大区别在于 AND 神经元对输入信号 x_i 和权系数 ω_i 先执行逻辑加;然后对结果执行逻辑乘;一般逻辑乘门电路只对输入信号执行逻辑乘。

OR 神经元和 AND 神经元分别用图 3-10 所示的符号表示。从 OR 神经元和 AND 神经元的形式上看,它们可以被认为是普通的模糊关系方程的表达式。直接把这两种神经元组合起来,可以产生中间逻辑特性。把几个 AND 神经元和 OR 神经元组合起来可构成称为 OR/AND 神经元的单独结构。这种结构的典型情况如图 3-10 所示。把几个逻辑神经元组合起来,并考虑它们作为一个单独的计算单元,则其主要作用在于有综合中间逻辑特性的能力。也即是它可以产生介于 AND 神经元功能与 OR 神经元功能的中间功能。在图 3-11 所示的结构中,来自每个神经元的影响可以在学习时通过选择合适的连接权系数 ω_{a0}、ω_{o0}。而整定在极限情况,取 $\omega_{a0} = 1$,$\omega_{o0} = 0$,则图 3-11 所示的 OR/AND 神经元的作用和一个单纯的 AND 神经元一样;反之,取 $\omega_{a0} = 0$,$\omega_{o0} = 1$,则 OR/AND 神经元的作用和一个单纯的 OR 神经元一样。在一般情况,$\omega_{a0} \in (0, 1)$,$\omega_{o0} \in (0, 1)$,则 OR/AND 神经元的作用介于 OR 神经元和 AND 神经元之间。一般用下式表示 OR/AND 神经元:

$$y = OR/AND(X, W, \omega_{a0}, \omega_{o0})。$$

式中，X 是输入；W 是输入的权系数；ω_{a0} 是 AND 神经元和输出 OR 神经元的连接权系数；ω_{o0} 是 OR 神经元和输出 OR 神经元的连接权系数。

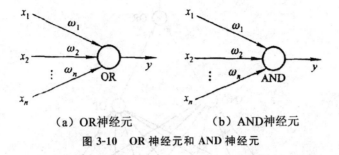

（a）OR神经元　　　　　（b）AND神经元

图 3-10　OR 神经元和 AND 神经元

　　需要强调指出：在 OR/AND 神经元中，OR 和 AND 两种操作都是严格单调增的操作，故它只能获取神经元的兴奋特性。为了能实现它的抑制性能，必须在图 3-11 所示的结构中增加输入信号的反码输入。因此，OR/AND 神经元的结构变为图 3-12 所示的结构。在图中，除了有输入信号 x_i 之外，还有它的反码 $\bar{x}_i = 1 - x_i$ 输入。

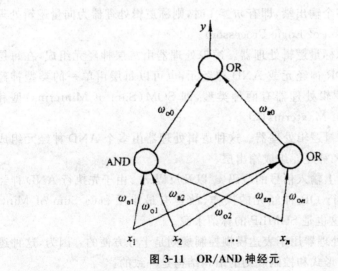

图 3-11　OR/AND 神经元

3.6.1.2　逻辑处理器 LP（Logic Processor）

　　用逻辑神经元可以组成所谓逻辑处理器 LP。逻辑处理器 LP 可以实现从超立方体 $[0,1]^n$ 到 $[0,1]^m$ 的映射，也即是 n 个输入 $x_i(i = 1,2,\cdots,n)$，$x_i \in [0,1]$ 到 m 个输出 $y_i(i = 1,2,\cdots,m)$，$y_i \in [0,1]$ 的映射。

　　当输出只有一个输出端时，即 $m = 1$ 时，则称逻辑处理器为标量逻辑处理器（Scalar version of Logic Processor）。

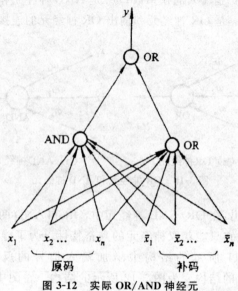

图 3-12　实际 OR/AND 神经元

　　当输出有多个输出端,即有 $m > 1$ 时,则称逻辑处理器为向量逻辑处理器(Vector version of Logic Processor)。

　　下面只考虑标量逻辑处理器。逻辑处理器由二层神经元组成,在每层可以混合含有 OR 神经元或 AND 神经元,也可以每层由单一的类型神经元组成。标量逻辑处理器有两种类型,即 SOM(Sum of Minterms)型和POM(Product of Maxterms)型。

　　(1)SOM 标量逻辑处理器。这种逻辑处理器由多个 AND 神经元组成隐层,由一个 OR 神经元组成输出层。

　　在输入层加上输入信号的原码 x_i 以及反码 $\bar{x}_i$。由于先执行 AND 神经元的操作,后执行 OR 神经元的操作,故含有最小项和(a Sum of Minterms)的意义。这也是 SOMLP 的称谓来源。

　　SOM 逻辑处理器用于表达模糊控制规则是十分方便的。因为,这种逻辑处理器的结构形式和控制规则的语句结构是一致的。

　　(2)POM 标量逻辑处理器。这种逻辑处理器由多个 OR 神经元组成隐层,由一个 AND 神经元组成输出层。

　　隐层把输入层输入的信号 x_i 及其反码 $\bar{x}_i$ 进行 OR 神经元的操作,得出的结果再去执行 AND 神经元的操作。故含有对最大项求积(Product of Maxterms)的意义。所以,它称为 POMLP。

　　对于逻辑处理器,一般用下式表示:

$$y = N(X;W,V)$$

式中，X 是输入信号；W 是输入层与隐层间的权系数；V 是隐层与输出层的权系数。

（3）逻辑处理器的学习。通过学习可以确定逻辑处理器的各个权系数，在学习时，首先给出输入输出数据对的集合：

$$(x_i, y_i) \quad i = 1, 2, \cdots, n$$

对逻辑处理器的权系数给予 [0,1] 间的较小值，再开始学习的过程。

学习时，先把数据 x_i 从逻辑处理器的输入端输入，然后得到这时的输出 y_i^*，接着求实际输出 y_i^* 和期望输出 y_i 的误差 e：

$$e = y_i - y_i^*$$

再根据误差情况去修改逻辑处理器的权系数。

考虑逻辑处理器的性能指标 Q：

$$Q = \sum_i (y_i - y_i^*)^2 / 2$$

按 Delta 规则，可以认为对权系数 $\omega_{ij}(t)$ 的修正的情况如下：

$$\Delta \omega_{ij}(t) = -\eta \frac{y_i^* - y_i}{\sum \omega_{ij}(t-1)}, \omega_{ij}(t) = \omega_{ij}(t-1) + \Delta \omega_{ij}(t)$$

式中，η 是权重修正率，$\eta \in (0,1)$。

逻辑处理器的学习方法是多样化的，可视具体情况而定。因为考虑到输入信号的反码，所以实现同一功能的逻辑处理器的结构不是唯一的。当对网络进行简化之后，可以有利于学习过程。

一般而言，对于逻辑处理器的学习可以考虑下面两种值得推荐的方法：

（1）连续减少方法。如果逻辑处理器网络在隐层含有大量的神经元，形成一个极大的网络，则通过分析学习的结果，可以减少网络的大小结构。这种减少结构的做法可以一直执行下去，直到不会影响学习的质量为止。学习的质量是以性能指标的最小值以及学习速度来量度的。这种方法的主要优点在于有较快的学习速度。该方法之所以能实行，是因为顺序网络具有"缺约束"的特质。以减少网络法产生的网络也会存在某些缺点，例如它可能是"超分布"的网络。

（2）连续扩展法。当网络是一个很小的网络时，则可以根据性能指标的值进行连续扩展。如果性能指标较高，则网络就需要进一步扩展。用连续扩展法产生的网络是紧凑的。尽管如此，在一些情况下总的超越计算是不可接受的，并且这种逼近计算的代价十分昂贵。这种情况通常产生在网络不能成功扩展的情况中，也即网络扩展不合理的情况中。

3.6.1.3　逻辑神经元组成控制规则

在模糊控制中，控制规则的格式是用条件语句表征的。一般有

$$\text{If } A \text{ and } B \text{ then } C$$

针对控制规则，可以用 OR 神经元和 AND 神经元来构造能实现控制的结构。考虑有一个模糊控制的规则基如表 3-1 所示。

表 3-1　典型控制规则基

u		A		
		A_1	A_2	A_3
B	B_1	C_1	C_1	C_2
	B_2	C_1	C_2	C_3
	B_3	C_2	C_3	C_3

从表 3-1 中可知：

$$C_1 = A_1B_1 \bigcup A_1B_2 \bigcup A_2B_1 \tag{3-6-4}$$

$$C_2 = A_1B_3 \bigcup A_2B_2 \bigcup A_3B_1 \tag{3-6-5}$$

$$C_3 = A_2B_3 \bigcup A_3B_2 \bigcup A_3B_3 \tag{3-6-6}$$

实际上对于 $C_i(i=1,2,3)$ 分别有多条语句,例如对于 C_1,有

$$\text{If } A = A_1 \text{ and } B = B_1 \text{ then } u = C_1$$

$$\text{If } A = A_1 \text{ and } B = B_2 \text{ then } u = C_1$$

$$\text{If } A = A_2 \text{ and } B = B_1 \text{ then } u = C_1$$

在上面不过用式(3-6-4)来表示这 3 个条件语句而已。从式(3-6-4)中可以看出有 3 个条件,而一个条件满足就可以产生 C_1。如果用 AND 神经元来实现这些条件,则有

$$A_1B_1 = (A_1 \text{ OR } \omega_{11a}) \text{ AND}(B_1 \text{ OR } \omega_{11b})$$

$$A_1B_2 = (A_1 \text{ OR } \omega_{12a}) \text{ AND}(B_2 \text{ OR } \omega_{12b})$$

$$A_2B_1 = (A_2 \text{ OR } \omega_{21a}) \text{ AND}(B_1 \text{ OR } \omega_{21b})$$

然后,用 OR 神经元来实现产生 C_1,则有

$$C_1 = (A_1B_1 \text{ AND } v_1) \text{ OR}(A_1B_2 \text{ AND } v_2) \text{ OR}(A_2B_1 \text{ AND } v_3)$$

对于式(3-6-5)、式(3-6-6),同理有类同的结果。

很明显,用逻辑神经元实现式(3-6-4),则有图 3-13 所示的神经网络结构。在这个结构中,输入层是由规则的条件形成,而输出层是由 OR 神经元实现的。

由逻辑神经元构成的神经网络可以进行化简。在化简的时候首先要考虑输入量的反码,对于输入量 x,反码为 $(1-x) = \bar{x}$。再根据逻辑法则对逻辑表达式进行化简。例如,对于式(3-6-4)所表达的 C_1 的逻辑式,有

$$C_1 = A_1B_1 \bigcup A_1B_2 \bigcup A_2B_1$$

则可写成：

$$C_1 = (A_1 B_1 \bigcup A_1 B_2) \bigcup (A_1 B_1 \bigcup A_2 B_1) = A_1 \bar{B}_3 \bigcup \bar{A}_3 B_1$$

也可以写成：

$$C_1 = A_1 \bar{B}_3 \bigcup A_2 B_1$$

或：

$$C_1 = A_1 B_1 \bigcup \bar{A}_3 B_1$$

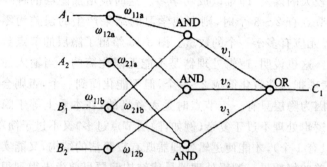

图 3-13　实现控制规则的逻辑神经网络

这些不同的表达式也可以从表 3-1 中直接得出。简化之后的网络如图 3-14 中所示。在上面化简中，要求 $A_i, B_i, C_i, i=1,2,3$ 都是对应论域中的语言变量值的全集。

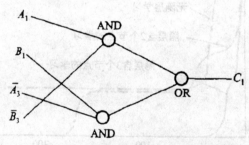

图 3-14　简化后的逻辑神经网络

从图 3-14 中可以看出，用逻辑神经网络表达控制规则是方便和简洁的，而这些逻辑神经网络的结构本质是逻辑处理器。由此可以得出如下一些结论：

(1)每一个控制模糊量 G 可以用一个逻辑处理器去实现。

(2)当控制规则基有 n 个控制模糊量时，则需要 m 个独立的逻辑处理器。

(3)逻辑处理器的输入层由规则的条件组成，输入层包括输入信息的原码和反码。

在表 3-1 中,有 3 个控制模糊量 C_1,C_2,C_3,故只需 3 个逻辑处理器就可以实现这个控制规则基。从表 3-1 中也可以看出,每个逻辑处理器需要处理三个控制条件语句的前提条件。

在图 3-15 中可以看出,逻辑处理器都是三层结构。如果当求取控制量的控制规则只有一个条件时,则隐层只有一个节点,即一个神经元,则学习的结果会产生较大的误差,即难以成功学习。这时应增加隐层的神经元个数。当隐层的节点有 2～3 个时,则会使学习的结果产生的误差为零。所以,隐层的神经元应有多于一个的数量。图 3-15 给出了隐层的节点数和学习速度的关系。这也说明,逻辑处理器是不能无限化简的。当输入的条件较多时,可以考虑把条件数化简成 2～3 个,但不能化简到一个,否则会导致隐层的清除。因为隐层只有一个节点时是无意义的,在本质上等于隐层清除。只有做到逻辑处理不过于复杂(例如,隐层节点过多)又不过于简单(例如,隐层节点只有 1 个),才能使逻辑处理器既有较简洁的结构,又能实现性能指标为零误差的好效果。逻辑处理器最优结构问题目前尚未得到很好解决,有时需要针对实际问题经过实验才能确定。

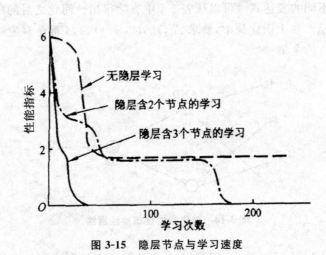

图 3-15　隐层节点与学习速度

3.6.1.4　神经网络实现模糊化、反模糊化

1)神经网络实现模糊化

(1)模拟输入信号模糊化。考虑一个模拟信号 $E \in [0,1]$,它模糊化后的语音变量论域元素为 $\{0.1,0.2,\cdots,1.0\}$,则可用一个有多个隐层,而每层含有 10 个神经元的神经网络实现。这个网络如图 3-16 所示。当 $E = 0.1$ 时,则 $L_1 = 1$,其余输出端为"0";同理,当 $E = 0.9$ 时,则 $L_9 = 1$,其余输出

端为"0";其余类同。

图 3-17 所示的网络也称量化网络,它有四舍五入功能,也即当 $E = 0.4$ 时, $L_1 = 1$,其余为"0";而当 $E = 0.5$ 时, $L_2 = 1$,其余为零。

网络中的权系数可以用样本进行学习。例如,样本 $(0.1, 0000000001)$, $(0.2, 0000000010)$, $\cdots$, $(0.9, 0100000000)$, $(1.0, 1000000000)$ 就可以用于网络的学习。学习时可以脱机进行,学习方法可用 BP 算法。

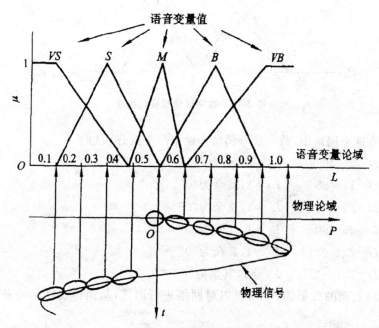

图 3-16　模糊化的意义

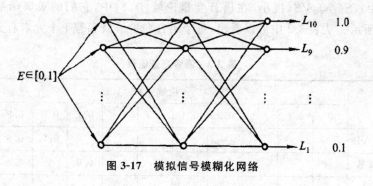

图 3-17　模拟信号模糊化网络

(2)离散输入信号模糊化。考虑一个数字信号 $D \in [0, 2^8 - 1]$,它模糊化之后的语音变量论域元素为 $\{0.1, 0.2, \cdots, 1.0\}$,则可用一个含隐层的三层网络实现。这个网络的输入层有 8 个节点,输出层有 10 个节点。离散数字信号模糊化的网络如图 3-18 所示。

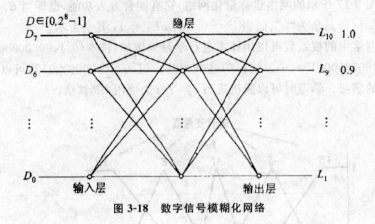

图 3-18　数字信号模糊化网络

在这个网络中,数字信号的值和输出的关系分别如下:

$D=0\sim12$　　　　$L_1\sim L_{10}$ 全为"1"

$D=13\sim38$　　　$L_1=1$,其余为"0"

$D=39\sim64$　　　$L_2=1$,其余为"0"

$D=65\sim90$　　　$L_3=1$,其余为"0"

$D=221\sim246$　　$L_9=1$,其余为"0"

$D=227\sim255$　　$L_{10}=1$,其余为"0"

用上面的数据为样本,可以对网络进行训练,从而得出网络的各个权系数。

(3)语音变量值的隶属度求取。考虑有语音变量值 VB(极大),B(大),M(中),S(小),VS(极小)在语音变量论域[0,1]中,它们的隶属函数如表 3-2 所示。从表 3-2 中可以看出,每个语音变量值只和若干个元素有关。

表 3-2　语音变量值表

		论域元素										
		0	0.1	0.2	0.3	0.4	0.5	0.6	0.7	0.8	0.9	1.0
语音变量值	VB									0.2	0.8	0.1
	B							0.1	0.6	1	0.6	
	M					0.4	1	0.4				
	S	0.1	0.6	1	0.6	0.1						
	VS	1	0.8	0.2								

　　在表 3-2 中,凡是没有标上数值的位置表示该位置的值为零。表中的有关语音变量值的隶属度完全可以用神经网络实现。在实现时,可分开一个一个语音变量值考虑。

　　对极大 VB 语音变量值,则有如图 3-19 所示的网络。同理,可以得到语音变量值 B(大)的隶属度求取网络如图 3-20 所示。其余的语音变量值也可以用类同的方法得出其隶属度求取网络。把这些网络综合在一起,可以用一个网络框图表示,如图 3-21 所示。在这个网络框图中,输入是语音论域元素 $L_1,L_2,\cdots,L_9,L_{10}$,而输出分别是语音变量值 VB,B,M,S,VS 的隶属度。

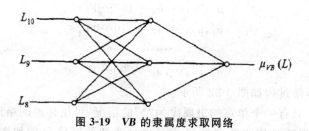

图 3-19　VB 的隶属度求取网络

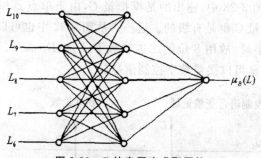

图 3-20　B 的隶属度求取网络

图 3-21　所有语音变量值隶属度求取的网络框图

　　从隶属度求取网络中得到的结果就可以直接用于控制规则的推理。一般而言,语音变量论域元素多一点有利于提高精度,但也会趋向精确控制。

因此,模糊控制中语音变量论域元素一般不会选取很多,而是介于 8～16
之间。

2)神经网络实现反模糊化

(1)最大隶属度法反模糊化时的神经网络。如果控制模糊量 u 用单点
表示,则推理的结果有两种情况:①只有一个单点的隶属度为"1",其余单点
的隶属度为"0";②有一个单点的隶属度最大,其余单点的隶属度较小或为
"0"。考虑控制模糊量比为单点,并只可能有一个单点隶属度为"1",其余为
"0"的情况,设单点有 n 个,则为 $u_1,u_2,\cdots,u_n$。在神经网络上,$u_1,u_2,\cdots,u_n$
为单点标志,而其值为隶属度,则在某一时刻只可能有

$$u_1,u_2,\cdots,u_n=100\cdots00$$
$$u_1,u_2,\cdots,u_n=010\cdots00$$
$$\cdots\cdots$$
$$u_1,u_2,\cdots,u_n=000\cdots01$$

整个转换过程如图 3-22 所示。

对应于只有一个单点的隶属度为"1"的情况,可用神经网络进行反模糊
化,产生模拟精确值或数字精确值。这时的神经网络分别如图 3-23 和图
3-24 所示。在图 3-23 中,输出的是模拟量 C,由于单点是相互之间有一定
距离的,故模拟量 C 也是有级的。这一点从图 3-22 中也可以看出。图 3-24
中输出的是数字量,故用 8 位的二进制数 $D_7D_6\cdots D_0$ 表示。对于某些控制
场合,被控对象是可以接受数字控制信号的。

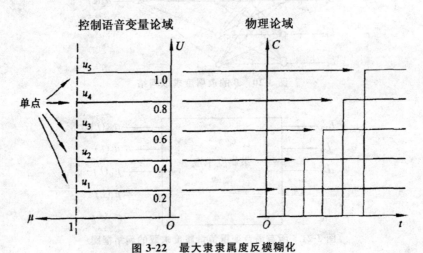

图 3-22　最大隶隶属度反模糊化

在神经网络学习时,应以单点的隶属度组合以及输出的对应值为样本
对神经网络进行训练,以确定各神经元相连的权系数。

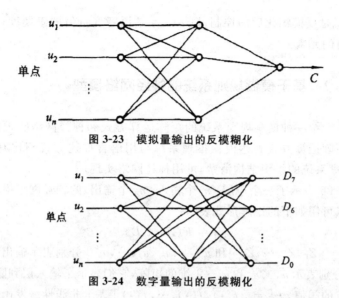

图 3-23　模拟量输出的反模糊化

图 3-24　数字量输出的反模糊化

对于控制模糊量,有一个单点的隶属度最大,其余单点的隶属度较小或"0"的情况,应该考虑先对单点进行最大隶属度比较处理。这时,采用极大值比较网络求出隶属度最大的单点。这个极大值比较网络如图 3-26 所示。在输入层输入的是单点的隶属度,起码有两个单点的隶属度不为"0";在输出层输出的是隶属度最大的单点标志。如果 u_i 是具有最大隶属度的单点,则 $u_i = 1$,其余单点为"0"。

显然,通过极大值比较网络之后,再采用图 3-24 或图 3-25 的网络就可以实现最大隶属度法反模糊化。

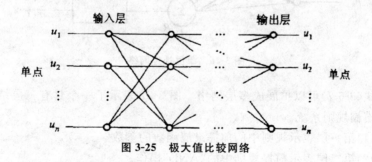

图 3-25　极大值比较网络

(2)重心法反模糊化。用重心法进行反模糊化时,需要考虑语音变量值的隶属度及其对应元素。即有

$$u^* = \frac{\sum \mu(y_i) \cdot y_i}{\sum \mu(y_i)}$$

式中，u^* 是反模糊化后的控制量；$\mu(y_i)$ 是语音变量值的隶属度；y_i 是语音变量值的元素。

3.6.2 基于模糊规则系统的神经网络模型

本节介绍一种模糊规则系统的矩阵运算方式和神经网络实现的模型。这种用矩阵运算方式表达模糊推理系统与用语言描述方式相比有许多优点，如模糊系统的组织结构清楚，可用神经网络实现。

图 3-26 表示了一个单层（n_i 个输入，n_0 个输出）的神经网络模型，每个网络节点可用如下的矩阵形式表示：

$$Z = F(Au + B) \tag{3-6-7}$$

$Z^{\mathrm{T}} = [Z_1, Z_2, \cdots, Z_{n_0}]$ 和 $u^{\mathrm{T}} = [u_1, u_2, \cdots, u_{n_i}]$ 分别表示输出和输入；A 和 B 分别表示 $n_0 \times n_i$ 和 $n_0 \times 1$ 维的矩阵，它们表示了输入层到隐层的权值和节点的阀值，$F^{\mathrm{T}} = [f(\cdot), f(\cdot), \cdots, f(\cdot)]$ 表示非线性激发函数向量，$f(\cdot)$ 为激发函数。

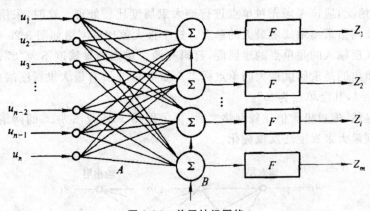

图 3-26 单层神经网络

式(3-6-7)可以扩展成多层网络。图 3-27 表示了一个具有三层结构的神经模糊规则系统。

(1)第一层表示规则中的前提隶属函数的参数。

(2)第二层表示前提规则中的"AND"操作。

(3)第三层为网络的输出层，它表示了规则的结论部分和去模糊化操作。

3.6.2.1 第一层（隶属函数）

常见的隶属函数见表 3-3 所示。这一层的隶属函数可分解成两部分：

一部分为线性部分；另一部分为非线性部分。线性部分表示为：

$$h = au + b$$

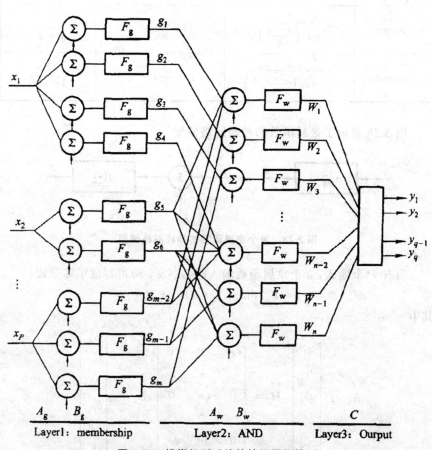

图 3-27　模糊规则系统的神经网络模型

非线性部分：

$$Z = f(h) \qquad (3\text{-}6\text{-}8)$$

其中，a 和 b 表示比例系数；Z 和 u 表示精确量的输入和输出；$f(\cdot)$ 表示隶属函数。

表 3-3　常用隶属函数

MFs	公　式	线　性	非线性
linear	$1 - \left\| \dfrac{x - \mu}{\delta} \right\|$	$f = \dfrac{1}{\delta} x - \dfrac{\mu}{\delta}$	$1 - \|f\|$
Gaussian	$\exp\left[-\left(\dfrac{x - \mu}{\delta} \right)^2 \right]$	$f = \dfrac{1}{\delta} x - \dfrac{\mu}{\delta}$	e^{-f^2}

续表

MFs	公　式	线　性	非线性
Cauchy	$\dfrac{1}{1+\left(\dfrac{x-\mu}{\delta}\right)}$	$f=\dfrac{1}{\delta}x-\dfrac{\mu}{\delta}$	$\dfrac{1}{1+f^2}$
Sigmoid	$\dfrac{1}{1+\exp\left(-\dfrac{x-\mu}{\delta}\right)}$	$f=\dfrac{1}{\delta}x-\dfrac{\mu}{\delta}$	$\dfrac{1}{1+e^{-f}}$

图 3-28 表示了隶属函数的神经网络模型。

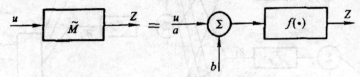

图 3-28　单个隶属函数的神经网络模型

当有 P 个输入，μ 个隶属函数输入时，式(3-6-8)可写成矩阵形式：

$$g=F_g\left[\mathrm{diag}(A_g)\cdot Hx+B_g\right]$$

其中

$$A_g=\begin{bmatrix}a_1^1\\a_{P_1}^1\\a_{P_2}^2\\a_1^P\\a_{P_P}^P\end{bmatrix},H=\begin{bmatrix}\boldsymbol{e}_{P_1}&\cdots&0\\&\vdots&\\0&\boldsymbol{e}_{P_j}&0\\&\vdots&\\0&\cdots&\boldsymbol{e}_{P_P}\end{bmatrix},B_g=\begin{bmatrix}b_1^1\\b_{P_1}^1\\b_1^2\\b_{P_2}^2\\b_1^P\\b_{P_P}^P\end{bmatrix}$$

$\boldsymbol{e}_{P_j}$ 为 P_j 维的向量，它的所有元素等于 1。

3.6.2.2　第二层("AND"运算)

在模糊控制和推理决策中，"AND"操作可用取极小值或者乘积来完成，在这里，我们用一种"软—AND"操作完成，即利用如下的函数完成：

$$\omega_i=\dfrac{1}{1+\exp\left[-\left(\xi_0+\sum_{k=1}^{\lambda}\xi_k\cdot g_k\right)\right]}$$

实际这个"软—AND"是一个单层前馈神经网络(见图 3-29)，它有 λ 个输入$(g_1,g_2,\cdots,g_\lambda)$，一个输出 $W:k=0,\cdots,\lambda$ 为权值。

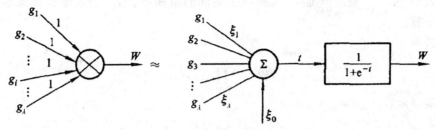

图 3-29　单层前馈神经网络

3.6.2.3　第三层（输出层）

这一层是模糊规则推理的结论，它由线性组合 ω_i 构成，类似于第二层。

图 3-29 所示的网络可以将精确输入量 $[x_1, x_2, \cdots, x_p]$ 映射成精确的输出量，网络内部可以完成"If x_1 and x_2 $\cdots$ and x_p then y_1 and y_2 $\cdots$ and y_q"的模糊规则推理，可以用此种网络构成模糊专家系统。

3.6.3　基于模糊神经网络的模型参考自适应控制

下面用一种新的模糊神经网络模型构成自适应控制，实现模糊规则的在线修改和隶属函数的自动更新。这种自适应模糊控制可以用于工业过程控制、非线性系统和复杂系统的控制中。

3.6.3.1　模糊逻辑控制

考虑具有 n 个输入、单个输出的模糊逻辑控制系统，模糊控制规则的第 i 条规则具有如下形式：

$$R^i: \text{If } x_1 \text{ is } A_1^i \text{ and } x_2 \text{ is } A_2^i, \cdots, x_n \text{ is } A_n^i$$
$$\text{then } u_j^* \text{ is } B^i$$

式中，R^i 表示第 i 条规则；x_j 表示第 j 条规则的前提参数（系统的输入）；A_j^i 表示第 i 条规则中第 j 个前提参数所属的某个模糊子空间，u_j^* 表示推理的结论（控制动作），B^i 表示结论的隶属度。

假设模糊控制器共有 m 条规则，那么对给定的前提参数 $x_j(j = 1, 2, \cdots)$，最后可得到如下输出

$$u^* = \frac{\sum\limits_{i=1}^{m} \left[\mu_{A_1^i\langle x_1\rangle} \wedge \mu_{A_2^i\langle x_2\rangle} \wedge \cdots \wedge \mu_{A_n^i\langle x_n\rangle} \right] \cdot B^i}{\sum\limits_{i=1}^{m} \left[\mu_{A_1^i\langle x_1\rangle} \wedge \mu_{A_2^i\langle x_2\rangle} \wedge \cdots \wedge \mu_{A_n^i\langle x_n\rangle} \right]} \tag{3-6-9}$$

式中，$\mu_{A_j^i(x_j)}$ 表示前提 x_j 对模糊子空间的隶属度；"$\wedge$"表示模糊取极小运算。

若令

$$W^i = \prod_{j=1}^{m} \mu_{A_j^i(x_j)}$$

隶属函数

$$\mu_{A_j^i(x_j)} = \exp\left[-\left(\frac{x_j - a_{ij}}{b_{ij}}\right)^2\right]$$

那么式(3-6-9)简写成

$$u^* = \frac{\sum_{i=1}^{m} W^i \cdot B^i}{\sum_{i=1}^{m} W^i}$$

其中，"$\prod$"表示代数积运算；a_{ij}，b_{ij} 表示隶属函数的参数。

由于上述模糊逻辑控制存在着局限性，这里提出一种模糊神经网络模型用于直接实现模糊化、模糊推理、合成、逆模糊运算和给出精确控制量。这种模糊神经网络自适应控制与模型参考自适应控制有相同的结构，如图3-30 所示。

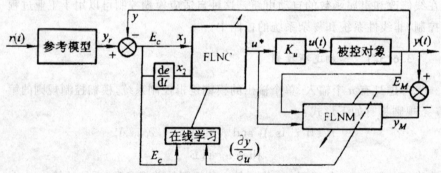

图 3-30　模糊神经网络自适应控制

在图 3-30 中，FLNC(Fuzzy Logic Neural Network Control)表示模糊神经网络控制器，K_u 表示放大系统，E_c 表示给定的期望值 y_r 与被控过程的输出 $y(t)$ 之间的误差。FLNM 表示建模神经网络，起着辨识未知对象的模型和提供给 FLNC 网络在线学习的反传信号 $\left(\dfrac{\partial y}{\partial u}\right)$ 的作用。

FLNC 和 FLNM 两个神经网络均可根据先验知识首先进行离线训练，在系统实际运行时再进行在线学习。

3.6.3.2　网络的离线训练算法

模糊神经网络的训练学习主要是调整 3 个参数 a_{ij}、b_{ij}、$W_{ij}^{(4)}$，这 3 个参数的修正可用如下方法。

若定义学习误差函数为：

$$E = \frac{1}{2}\sum_j (d_j^{(4)} - y_j^{(4)})^2 = \frac{1}{2}\sum_j \left[d_j^{(4)} - f_j^{(4)}(\mathrm{net}_j^{(4)}) \right]^2$$

式中，$d_j^{(4)}$ 为期望输出；$y_j^{(4)}$ 为网络的实际输出。

每层的反传误差为：

$$\delta_j^{(4)} = -\frac{\partial E}{\partial \mathrm{net}_j^{(4)}} = -\frac{\partial E}{\partial f_j^{(4)}} \cdot \frac{\partial f_j^{(4)}}{\partial \mathrm{net}_j^{(4)}} = d_j^{(4)} - y_j^{(4)}$$

那么 $W_{ij}^{(4)}$ 的修正量应为：

$$\Delta W_{ij}^{(4)} = -\frac{\partial E}{\partial W_{ij}^{(4)}} = -\frac{\partial E}{\partial f_j^{(4)}} \cdot \frac{\partial f_j^{(4)}}{\partial \mathrm{net}_j^{(4)}} \cdot \frac{\partial \mathrm{net}_j^{(4)}}{\partial W_{ij}^{(4)}}$$

$$= (d_j^{(4)} - y_j^{(4)}) \cdot y_j^{(3)} = \delta_j^{(3)} \cdot y_j^{(3)}$$

第三层的权值 $W_{ij}^{(3)} = 1$，因此只有反传误差：

$$\delta_j^{(3)} = -\frac{\partial E}{\partial \mathrm{net}_j^{(3)}} = -\frac{\partial E}{\partial f_j^{(3)}} \cdot \frac{\partial f_j^{(3)}}{\partial \mathrm{net}_j^{(3)}}$$

$$= -\sum_k \frac{\partial E}{\partial \mathrm{net}_j^{(4)}} \cdot \frac{\partial \mathrm{net}_j^{(4)}}{\partial y_j^{(3)}}$$

$$= \sum_k \delta_k^{(4)} \cdot W_{jk}^{(4)}$$

第二层主要修正 a_{ij} 和 b_{ij} 参数，反传误差为：

$$\delta_j^{(2)} = -\frac{\partial E}{\partial \mathrm{net}_j^{(2)}} = -\frac{\partial E}{\partial f_j^{(2)}} \cdot \frac{\partial f_j^{(2)}}{\partial \mathrm{net}_j^{(2)}}$$

$$= -\left(\sum_k \frac{\partial E}{\partial \mathrm{net}_k^{(3)}} \cdot \frac{\partial \mathrm{net}_k^{(3)}}{\partial y_j^{(2)}} \right) \cdot \frac{\partial f_j^{(2)}}{\partial \mathrm{net}_j^{(2)}}$$

$$= \left(\sum_k \delta_k^{(3)} \cdot \prod_{i \neq j} y_i^{(2)} \right) \cdot \exp(\mathrm{net}_j^{(2)})$$

$$= \left(\sum_k \delta_k^{(3)} \cdot \prod_{i \neq j} y_i^{(2)} \right) \cdot y_j^{(2)}$$

$$= \sum_k \delta_k^{(3)} \cdot y_k^{(3)}$$

式中，下标 k 表示规则节点与第二层第 j 个节点连接的个数。

$$\Delta a_{ij} = -\frac{\partial E}{\partial a_{ij}} = -\frac{\partial E}{\partial \mathrm{net}_j^{(2)}} \cdot \frac{\partial \mathrm{net}_j^{(2)}}{\partial a_{ij}}$$

$$= \delta_j^{(2)} \cdot \frac{2(y_i^{(1)} - a_{ij})}{b_{ij}^2}$$

$$\Delta b_{ij} = -\frac{\partial E}{\partial b_{ij}} = -\frac{\partial E}{\partial net_j^{(2)}} \cdot \frac{\partial net_j^{(2)}}{\partial b_{ij}}$$

$$= \delta_j^{(2)} \cdot \frac{2(y_i^{(1)} - a_{ij})^2}{b_{ij}^3}$$

利用上述梯度下降法可离线训练 FLNC。一旦 FLNC 训练好后,就可以接入自适应控制系统中应用。

3.6.3.3 控制网络 FLNC 和模型网络 FLNM 的在线学习

参考模型自适应控制的目标是使系统的实际输出能够跟踪参考模型的期望输出。这个目标可以使 $e = (y_r - y)$ 最小来达到。

如果训练 FLNM 网络的性能指标为:

$$E_M = \frac{1}{2}[y(t) - y_M(t)]^2$$

那么,FLNM 网络的权值修正为:

$$\frac{\partial E_M}{\partial W_M} = e_M(t) \cdot \frac{\partial e_M}{\partial W_M} = -e_M \cdot \frac{\partial y_M(t)}{\partial W_M}$$

其中,$e_M(t) = y(t) - y_M(t)$;$y(t)$ 为系统实际输出;$y_M(t)$ 为辨识器(FLNM)的实际输出,WM 为网络 FLNM 的权值。

$$W_M(t+1) = W_M(t) + \Delta W_M(t) = W_M(t) + \eta_M \cdot \left(-\frac{\partial E_M}{\partial W_M}\right)$$

如果训练 FLNC 网络的性能指标为:

$$E_c(t) = \frac{1}{2}[y_r(t) - y(t)]^2$$

那么,FLNC 网络的权值修正式为:

$$W_c(t+1) = W_c(t) + \Delta W_c(t) = W_c(t) + \eta_c \cdot \left(-\frac{\partial E_c}{\partial W_c}\right)$$

梯度为:

$$\frac{\partial E_c}{\partial W_c} = e_c(t) \cdot \frac{\partial e_c(t)}{\partial W_c} = -e_c(t) \cdot \frac{\partial y(t)}{\partial W_c}$$

$$= -e_c(t) \frac{\partial y(t)}{\partial u(t)} \cdot \frac{\partial u(t)}{\partial W_c}$$

$$= -e_c(t) \cdot y_u(t) \cdot \frac{\partial u^*(t)}{\partial W_c}$$

其中,$e_c(t) = y_r(t) - y(t)$;$u^*(t)$ 表示控制网络 FLNC 的实际输出;$y_u(t) = (\partial y(t)/u(t))$ 为被控对象的灵敏度,可通过 FLNM 学习后 $(y_M \approx y)$ 反传求出,具体如下:

$$\frac{\partial y_j}{\partial u_i} \approx \frac{\partial y_M}{\partial u_i} = \sum_{i=1}^{R_M} \left\{ \frac{\partial O_i^{(4)}}{\partial O_i^{(3)}} \cdot \frac{\partial O_i^{(3)}}{\partial u_i} \right\}$$

$$= \sum_{i=1}^{R_M} W_{ij} \cdot \left\{ \frac{\partial O_i^{(3)}}{\partial u_i} \right\}$$

$$= \sum_{i=1}^{R_M} W_{ij} \cdot \left\{ \sum_{k}^{N} \frac{\partial O_{ki}^{(3)}}{\partial O_{ki}^{(2)}} \cdot \frac{\partial O_{ki}^{(2)}}{\partial u_i} \right\}$$

$$= \sum_{i=1}^{R_M} W_{ij} \cdot \left\{ \frac{\partial O_{ki}^{(3)}}{\partial O_{ki}^{(2)}} \cdot \frac{\partial O_{ki}^{(2)}}{\partial u_i} \right\}$$

$$= \sum_{i=1}^{R_M} W_{ij} \cdot \left\{ \prod_{i \neq k} O_{ki}^{(2)} \cdot \frac{\partial O_{ki}^{(2)}}{\partial u_i} \right\}$$

$$= \sum_{i=1}^{R_M} W_{ij} \cdot \left\{ O_{ki}^{(3)} \cdot (-2) \cdot \frac{(u_i - a_{ik})}{(b_{ik})^2} \right\}$$

其中，W_{ij} 表示 FLNM 的连接权值；a_{ik}，b_{ik} 分别表示高斯函数的参数；$O_{ki}^{(3)}$ 表示网络 FLNM 的第三层输出；R_M 为 FLNM 的规则数；N 为模糊变量 u_i 的子模糊集数；η_M 和 η_c 分别为学习率。

归纳模糊神经网络参考模型自适应控制系统的算法如下：

(1) 给定网络 FLNC 和 FLNM 的初始参数：$W_c(0)$、$W_M(0)$、$a_c(0)$、$b_c(0)$、$a_M(0)$ 和 $b_M(0)$ 以及学习率 η_c 和 η_M。

(2) 采集被控系统输入/输出数据 $\{r(t), y(t), y_r(t)\}$。

(3) 计算出控制律 $u^*(t)$ 和模型网络输出 $y_M(t)$。

(4) 修正网络权值和参数，$W_c(t)$、$W_M(t)$、$a(t)$ 和 $b(t)$。

(5) $\|E_c\| \leqslant \varepsilon$，则停止迭代学习，$t+1 \to t$，转 (2) 步。

3.7　组合灰色神经网络模型

3.7.1　灰色预测模型

灰色模型是以灰色生成函数概念为基础，以微分拟合为核心的建模方法。对于灰色量的处理不是寻求它的统计规律和概率分布，而是将杂乱无章的原始数据序列通过一定的处理方法弱化波动性，使之变为比较有规律的时间序列数据，再建立用微分方程描述的模型。

3.7.1.1　GM(1,1)模型

GM(1,1)单序列一阶线性动态模型，通过对原始数据作一次累加处理，用微分方程来逼近拟合。设原始数据序列为：

$$X^{(0)} = \left[x^{(0)}(1), x^{(0)}(2), \cdots, x^{(0)}(m) \right] \quad m \geqslant 4$$

作一次累加生成：

$$x^{(1)}(k) = \sum_{i=1}^{k} x^{(0)}(i) \quad k = 1, 2, \cdots, m$$

得生成数据序列为：

$$X^{(1)} = \left[x^{(1)}(1), x^{(1)}(2), \cdots, x^{(1)}(m) \right]$$

建立微分方程：

$$\frac{\mathrm{d}X^{(1)}}{\mathrm{d}t} + aX^{(1)} = u$$

用最小二乘法求解系数矢量：

$$\lambda = [a, u]^{\mathrm{T}} = (B^{\mathrm{T}})^{-1} B^{\mathrm{T}} Y$$

式中

$$
\begin{bmatrix}
-(x^{(1)}(2) + x^{(1)}(1))/2 & 1 \\
-(x^{(1)}(3) + x^{(1)}(2))/2 & 1 \\
\vdots & \vdots \\
-(x^{(1)}(m) + x^{(1)}(m-1))/2 & 1
\end{bmatrix}
$$

$$Y = \left[x^{(0)}(2) x^{(0)}(3) \cdots x^{(0)}(m) \right]^{\mathrm{T}}$$

解微分方程得到离散形式的解为：

$$\hat{x}^{(1)}(k) = \left[x^{(0)}(k) - \frac{u}{a} \right] \mathrm{e}^{-a(k-1)} + \frac{u}{a} \quad k = 1, 2, \cdots, m$$

$$\hat{x}^{(0)}(k+1) = \hat{x}^{(1)}(k+1) - x^{(1)}(k) \quad k = 1, 2, \cdots, m-1$$

预测序列为：

$$\hat{X}^{(1)} = \left[\hat{x}^{(0)}(2), \hat{x}^{(0)}(3), \cdots, \hat{x}^{(0)}(m) \right]$$

3.7.1.2　DGM(2,2)模型

DGM(2,2)是单序二阶线性动态模型。建立微分方程：

$$\frac{\mathrm{d}^2 X^{(1)}}{\mathrm{d}t^2} + a \frac{\mathrm{d}X^{(1)}}{\mathrm{d}t} = u$$

用最小二乘法求解系数矢量：

$$\lambda = [a, u]^{\mathrm{T}} = (B^{\mathrm{T}}B)^{-1} B^{\mathrm{T}} Y$$

式中

$$
B = \begin{bmatrix}
-x^{(0)}(2) & 1 \\
-x^{(0)}(3) & 1 \\
\vdots & \vdots \\
-x^{(0)}(m) & 1
\end{bmatrix},
Y = \begin{bmatrix}
x^{(0)}(2) - x^{(0)}(1) \\
x^{(1)}(3) - x^{(1)}(2) \\
\vdots \\
x^{(0)}(m) - x^{(0)}(m-1)
\end{bmatrix}
$$

解得离散形式的解序列为：

$$\hat{X}^{(1)} = \left[\hat{x}^{(1)}(1), \hat{x}^{(1)}(2), \cdots, \hat{x}^{(1)}(m)\right]$$

式中

$$\hat{x}^{(1)}(k+1) = \left[\frac{u}{a^2} - \frac{x^{(0)}(1)}{a}\right]\mathrm{e}^{-a(k-1)} + \frac{u}{a}(k+1) + \left[x^{(0)}(1) - \frac{u}{a}\right]\frac{1+a}{a}$$

相应的累减预测序列为：

$$\hat{x}^{(0)}(k+1) = \hat{x}^{(0)}(k+1) - \hat{x}^{(0)}(k) \quad k = 1, 2, \cdots, m-1$$

预测序列为：

$$\hat{X}^{(1)}(2) = \left[\hat{x}^{(0)}(2), \hat{x}^{(0)}(3), \cdots, \hat{x}^{(0)}(m)\right]$$

3.7.1.3　Verhulst 灰色模型

Verhulst 灰色模型是在 Verhulst 所建立的模型上发展而来的一个非线性微分方程。设原始数据序列为 $X^{(0)}$，直接建立 $X^{(0)}$ 的 Verhulst 灰色模型为：

$$\frac{\mathrm{d}X^{(0)}}{\mathrm{d}t} = aX^{(0)} - u(X^{(0)})^2$$

定义 $\lambda = [a, u]^{\mathrm{T}}$ 为系数矢量，$u(X^{(0)})^2$ 为竞争项，可通过下式求取，即

$$\lambda = \left[(A \vdots B)^{\mathrm{T}}(A \vdots B)\right]^{-1}(A \vdots B)^{\mathrm{T}}Y$$

式中

$$A = \begin{bmatrix} -(x^{(0)}(1)+x^{(0)}(2))/2 \\ -(x^{(1)}(2)+x^{(0)}(3))/2 \\ \vdots \\ -(x^{(0)}(m-1)+x^{(0)}(m))/2 \end{bmatrix}, B = \begin{bmatrix} [(x^{(0)}(1)+x^{(0)}(2))/2]^2 \\ [(x^{(0)}(2)+x^{(0)}(3))/2]^2 \\ \vdots \\ [(x^{(0)}(m-1)+x^{(0)}(m))/2]^2 \end{bmatrix}$$

$$(A \vdots B) = \begin{bmatrix} -(x^{(0)}(1)+x^{(0)}(2))/2 & [(x^{(0)}(1)+x^{(0)}(2))/2]^2 \\ -(x^{(1)}(2)+x^{(0)}(3))/2 & [(x^{(0)}(2)+x^{(0)}(3))/2]^2 \\ \vdots & \vdots \\ -(x^{(0)}(m-1)+x^{(0)}(m))/2 & [(x^{(0)}(m-1)+x^{(0)}(m))/2]^2 \end{bmatrix}$$

$$Y = \left[x^{(0)}(2)-x^{(0)}(1), x^{(0)}(3)-x^{(0)}(2), \cdots, x^{(0)}(m)-x^{(0)}(m-1)\right]^{\mathrm{T}}$$

离散形式的解为：

$$x^{(0)}(k+1) = \frac{ax^{(0)}(1)}{ux^{(0)}(1) + (a - ux^{(0)}(1))\mathrm{e}^{-a(k-1)}} \quad k = 1, 2, \cdots, m-1$$

预测序列为：

$$X^{(0)} = \left[x^{(0)}(2), x^{(0)}(3), \cdots, x^{(0)}(m)\right]$$

3.7.2　灰色神经网络预测模型

BP 神经网络在网络理论和网络性能方面都比较成熟，并具有很强的非

线性映射能力和柔性的网络结构,因此,本节采用 BP 神经网络,把 GM(1,1)模型函数输入,采用隐含层,传递函数 (0,1) 区间取值的 S 型函数 $f(x) = \dfrac{1}{1+\mathrm{e}^{-x}}$,输出 CGNN 预测值,模型结构如图 3-31 所示。

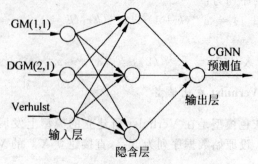

图 3-31　组合灰色神经网络结构图

采用该模型能在"部分信息已知,部分信息未知"的不确定性条件下,对诸如电力远期价格等变量取值数据序列在短时间内的变动做出比较准确的预测,在预测的准确性方面优于 GM(1,1)等灰色模型。

3.8　用人工神经网络实现地震记录中的废道自动切除

3.8.1　人工神经网络和新奇滤波器

网络中神经元的类型(即输入输出关系)、网络构成形式(即各神经元之间的连接方式)以及连接权重的学习规则是一个神经网络的三要素。许多网络模型的学习都以著名的 Hebb 规则(亦称 Hebb 律)为基础。如果两个互相连接的神经元都处于兴奋状态,则它们之间的连接强度应加强。如果用 s_i 和 s_j 表示任意两个相互连接的神经元的状态,w_{ij} 为神经元 i 到神经元 j 的连接权值,Δw_{ij} 表示学习过程中 w_{ij} 的改变量,则 Hebb 规则可写为:

$$\Delta w_{ij} = a s_i s_j \tag{3-8-1}$$

其中,$a > 0$ 是一个小系数,它反映权值学习的速度,影响着学习过程的收敛情况。

作为一种神经网络模型,新奇滤波器的结构如图 3-32 所示(图中未画出各个神经元到自身的反馈)。它只有单层神经元(神经元 $1,2,\cdots,N$),每个神经元的输出都连接到各个神经元的输入,形成广泛的反馈连接,各个神经元的传递特性是简单的线性关系。图中,x_i 是输入向量的各个分量,以固定强度 1 连接到各神经元,y_i 是相应的神经元的输出,各个 y_i 构成输出向量,μ_{ij} 表示第 i 个神经元到第 j 个神经元的连接强度(权值),相当于上述Hebb 规则中的 w_{ij},第 i 个神经元的输入输出关系可写成:

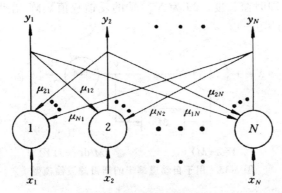

图 3-32　新奇滤波器结构

$$y_i = x_i + \sum_{j=1}^{N} \mu_{ji} y_j \tag{3-8-2}$$

反馈连接强度 μ_{ij} 在学习时按照以下动态方程变化:

$$\mathrm{d}\mu_{ij}/\mathrm{d}t = -a y_i y_j \tag{3-8-3}$$

式中,$a > 0$ 是一个小系数,控制着学习速度和收敛过程。与式(3-8-1)相比,该规则只是改变了符号,因而我们称之为反 Hebb 规则或负 Hebb规则。

为了实际计算,下面对上述网络进行离散化。用 k 表示离散时间,即计算步数,并分别把输入 x_i,输出 y_i 及权值 μ_{ij} 表示成向量 X,Y 和矩阵 M,以 $X(k)$,$Y(k)$ 和 $M(k)$ 分别表示第 k 步计算时的输入输出向量和权值矩阵,则式(3-8-2)和式(3-8-3)分别写为:

$$Y(k) = X(k) + M(k-1)Y(k-1) \tag{3-8-4}$$
$$M(k) = M(k-1) - aY(k)Y^{\mathrm{T}}(k) \tag{3-8-5}$$

式中,上标"T"表示转置。初始权值 $M(0)$ 一般可选零矩阵或小随机数对称矩阵。

3.8.2　用新奇滤波器进行废道切除

实际地震记录中往往并不是整道都需切除,而只是切除其中某一局部,因而我们将每一地震道从上到下连续分为若干个时窗,以时窗作为识别和切除的单位,这样有利于加快计算速度。

图 3-33 所示是用于自动道编辑的新奇滤波器模型,它实际上就是在图 3-32 的网络上加了对输出向量 Y 求范数,其目的是便于比较大小。我们这里用的是 2 范数,即模。X 为 N 维输入向量,由时窗内的地震道时间序列构成,维数 N 即时窗长度。M 为 $N \times N$ 的反馈权值矩阵,在训练时初值取为零,即 $M(0)=0$。

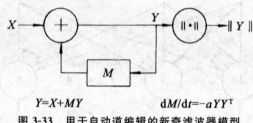

$$Y=X+MY \qquad dM/dt=-aYY^T$$

图 3-33　用于自动道编辑的新奇滤波器模型

由于废道在形态上通常与正常道有较大差别,再考虑到当 a 合适时训练过程是单调的,因而实际上不必计算到网络收敛,只要在识别时足以区分出废道即可,这样也可减少计算量。

关于阈值的选择,实验中是人工给定的,但实际上我们可以通过对输出作直方图统计来自动选取,即实现所谓阈值的数据自适应选择。图 3-34 为网络输出的直方图,可见阈值的位置很容易选定,并可在一定范围内移动。实验中也可以看出,切除结果对阈值在一定范围内的变化并不十分敏感。

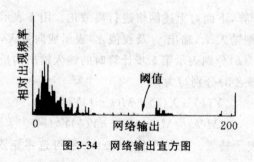

图 3-34　网络输出直方图

上述方法中进行的是监督学习,需要事先指定少量正常道样本。为此,我们编制了在工作站上交互选取样本的程序,使用非常方便,而且训练亦可非监督地进行,以实现完全的自动道编辑。

第 4 章　粗集信息处理技术

粗糙集的基本理念是使用等价关系将集合中的元素进行分类,生成集合的某种划分,与等价关系相对应。根据等价关系的理论,同一分组(等价类)内的元素是不可分辨的,对信息的处理可以在等价类的粒度上进行,由此可以达到对信息进行简化的目的。

4.1　粗糙集的基本理论

4.1.1　粗集理论的提出

粗集[(Rough Set,RS)又称为粗糙集]理论是以 Zdzislaw Pawlak 为代表的科学家于 20 世纪 70 年代提出来的。

作为一种研究工具,粗集理论具有如下优点:

(1)粗集理论将知识定义成不可分辨关系的族,因此,知识的数学含义十分清晰,很容易用数学方法来分析处理。

(2)粗集理论非常严密,它有一整套分析数据分类问题的方法,特别是在数据不确定或者不精确时。

(3)粗集理论有着非常强的实用性,由于粗集理论是为开发自动规则生成系统而提出来的,因此其研究完全是应用驱动的。

(4)基于粗集的计算方法特别适合并行处理,有关粗集计算机的研制工作也正在进行之中。

4.1.2　等价类

设 R 为非空集合 A 上的等价关系,若 $\forall x \in A, [x]_R = \{y \mid y \in A \wedge xRy\}$ 则称 $[x]_R$ 为 x 关于 R 的等价类,简称为 X 的等价类,简记为 $[x]$。

等价类的概念有助于构造新的集合。在 X 中的给定等价关系的所有等价类的集合表示为 $X/\sim$,并叫做 X 除以的商集。这种运算可以简单地认为是输入集合除以等价关系的活动,但事实上这种方式并不正式,其实是一种模仿的除法。商集与除法的另一个相似点是如果 X 是有限的并且等价类都是等势的,则 $X/\sim$ 的序是 X 的序除以一个等价类的序的商。商集被认为是带有所有等价点都识别出来的集合 X。

对于任何等价关系,都有从 X 到 $X/\sim$ 的一个规范投影映射 $\pi,\pi(X)=X$。这个映射总是满射的。在 X 有某种额外结构的情况下,考虑保持这个结构的等价关系。接着称这个结构是良好定义的,而商集在自然方式下继承了这个结构而成为同一个范畴的对象;从 a 到 $[a]$ 的映射则是在这个范畴内的满态射。

4.1.3 知识的约简

知识的简化是在简化和核两个基本概念上进行的。要引进简化和核两个基本概念,需要做如下定义:令 R 为一等价关系,且 $r\in\mathbf{R}$,当 $\text{ind}(R)=\text{ind}(R-r)$ 时,称 r 为 R 中可省略的,否则 r 为 R 中不可省略的。若 $r\in\mathbf{R}$ 都为 R 中不可省略的,则称 R 为独立的。

如果对于任意的 $r\in\mathbf{R}$,若 r 不可省略,则 R 为独立的。在用属性集 R 来表达系统的知识时,R 中的属性是独立的且必不可少的。

对于属性子集 $P\subseteq R$,如存在 $Q=P-r,Q\subseteq P$,使 $\text{ind}(Q)=\text{ind}(P)$,且 Q 为最小子集,则 Q 称之为 P 的简化,用 $\text{red}(P)$ 表示。通常,一个属性集合 P 可以有多种简化。

P 中所有不可省略关系的集合称为 P 的核,记作 $\text{core}(P)$,且满足:
$$\text{core}(P)=\bigcap \text{red}(P)$$
其中 $\text{red}(P)$ 是 P 的所有简化族。

4.2 粗糙集与神经网络的融合

4.2.1 Rough-ANN 结合的特点

人工神经网络的特点是模仿人脑进行信息处理,在多个领域有着非常广泛的应用。人工神经网络具有复杂的动力学结构,因此它可以逼近任意复杂的非线性关系,可以自主学习、自适应能力很强,还能够同时处理定量、定性的知识。

粗糙集理论是一种全新的信息处理方法,它不仅能够处理各种模糊的信息,还能够发掘其中比较隐秘的信息,并发现其规律。

基于粗糙集的神经网络是将粗糙集理论与神经网络结合,其主要特点如下。

(1)引入粗糙神经元之后,神经网络不仅能够接受单值输入,还提高了处理复杂问题的能力。

(2)从粗集的理论出发,样本的冗余需要进行简化处理。化简后,虽然学习样本的特征维数减少,但是它仍然保留了样本的特性。

(3)粗神经网络的主要缺点是易陷入局部极小,通过将遗传算法和误差逆传播算法有效地结合为新的算法,可有效解决以上原因引起的缺陷。

(4)粗神经网络的泛化性能可通过一系列的改善而得到充分的优化,例如改善学习的样本质量等。

(5)粗神经网络对复杂的、规模较大的情况具有较好的学习能力与泛化能力。

4.2.2　决策表简化方法

决策表是一类比较特殊且比较重要的知识表达系统。一般可通过知识表达系统来描述。一个知识表达系统可表示为 $S = \langle U, C, D, V, f \rangle$,其中 U 是对象的集合,$C \cup D = R$ 是属性的集合,子集 C 和 D 分别称为条件属性和结果属性,$V = \bigcup_{r \in \mathbf{R}} V_r$ 是属性值的集合,V_r 表示了属性 $r \in \mathbf{R}$ 的属性范围,$f: U \times R \rightarrow V$ 是一个信息函数,它指定 U 中每一对象 x 的属性值。知识表达系统可通过表格来实现,这样的数据表称为知识表达系统。

在知识表达系统中,每一行、每一列分别代表不同的属性。数据表主要通过观察、测量得到。

决策表也属于知识表达系统,由知识表达系统做出如下定义:$S = (U, A)$ 为一知识表达系统,且 $C, D \in A$ 是两个属性子集,分别为条件属性与决策属性,同时具有条件属性与决策属性的知识表可表达为决策表,记为 $T = (U, A, C, D)$ 或简称 CD 决策表。关系 $\mathrm{ind}(C)$ 和 $\mathrm{ind}(D)$ 的等价类分别称为条件类和决策类。

决策表的简化是将决策表的属性进行简化,化简后其条件属性减少。决策表的简化在工程中起着极其重要的作用。

4.2.3　粗集神经网络系统

粗神经网络系统主要实现三个主要过程,分别是测试样本属性提取、粗神经网络的训练与识别等过程。系统可以分为 8 个部分，构成的框架图如图 4-1 所示。

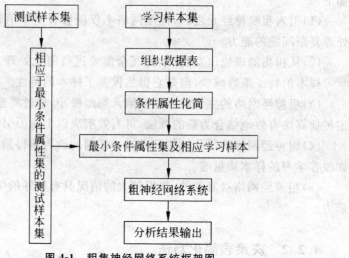

图 4-1　粗集神经网络系统框架图

4.3　粗糙集信息处理技术的应用

Rough 集合基本理论在实践中起着巨大的作用，大量生活中的实例清楚地证实了这一点，粗集理论在人工智能和认知科学领域有着极其重要的应用。此外，在专家系统、机器学习、决策支持系统等领域也有着成功的应用实例。

4.3.1　医疗诊断系统

医疗诊断系统是 Rough 应用领域的一个比较典型的应用实例，日本人津本周作在此领域进行了诸多实质性的研究，在建立医疗知识系统模型时，数据库的建立往往包含正负规则两种，正知识是主要根据症状作出可能的诊断，负知识是根据症状排除某些疾病的可能性，医生不但要用正推理，还要用负推理进行诊断，负推理在减小诊断过程搜索空间上起着很大的作用，在医疗推理中若一种诊断结论所需的某个症状没有出现，就可以排除这种候选，实际的处理过程中分为排除处理和包含推理。首先，包含推理在病人出现某种疾病时会立即从候选项中排除该疾病。其次，当病人出现某种疾病的特有症状时,包含推理在排除推理的输出结果中得到了该疾病。这两个过程分别使用了负规则与正规则。在相应的算法规则中采用规则正确分类度和覆盖度的定义,确定了正负规则的获取算法,产生了相应的正负规则,Tsumoto 博士领导的研究开发组开发了一个专家系统概率规则获取系统,通过以上算法得到了一系列有价值的隐含规则,如医生通常认为年龄和性别不是判断过敏反应的重要属性,而规则获取实验区得到与年龄和性别有关的规则,这个发现表明妇女更加容易得风疹,年龄低于 40 周岁的人更容易引起过敏反应,对于这一现象,Tsumoto 博士通过一系列的试验证明了上述规则的正确率可达 82.6%。

4.3.2 模式识别

计算器中的数字显示由 7 个元素组成 0~9 十个数码,如图 4-2 所示。

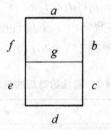

图 4-2 计算器数字显示示意图

每个数字结构用下面的信息系统表 4-1 说明,其中数字为个体,7 个元素为属性。

表 4-1 计算器数字显示数据原始信息表

U	a	b	c	d	e	f	g
0	*	*	*	*	*	*	
1		*	*				
2	*	*		*	*		
3	*	*		*			*
4		*	*			*	*
5	*		*	*		*	
6	*		*				

U	a	b	c	d	e	f	g
7	*	*	*	*	*	*	*
8	*	*	*	*	*	*	*
9	*	*	*	*	*	*	*

表中的"*"表示该个体关于相应属性是亮的,可用 1 表示,无 * 处表示不亮,可用 0 表示,再用 Rough 集方法对表进行属性约简,从而找出对每个数字的最小描述和最小算法。

$$a_1b_1c_1d_1e_1f_1g_0 \rightarrow 0 \quad a_0b_1c_1d_0e_0f_0g_0 \rightarrow 1 \quad a_1b_1c_0d_1e_1f_0g_1 \rightarrow 2$$
$$a_1b_1c_1d_1e_0f_0g_1 \rightarrow 3 \quad a_0b_1c_1d_0e_0f_1g_1 \rightarrow 4 \quad a_1b_0c_0d_1e_0f_1g_1 \rightarrow 5$$
$$a_1b_0c_1d_1e_1f_1g_1 \rightarrow 6 \quad a_1b_1c_1d_0e_0f_0g_0 \rightarrow 7 \quad a_1b_1c_1d_1e_1f_1g_1 \rightarrow 8$$
$$a_1b_1c_1d_1e_0f_1g_1 \rightarrow 9$$

由上面的规则可知这些数字由 7 个属性唯一的表示,其属性约简的核集为 $\{a,b,e,f,g\}$,$\{c,d\}$ 依赖于 $\{a,b,e,f,g\}$,得到表 4-2。

表 4-2 属性约简后的信息表

U	a	b	e	f	g
0	1	1	1	1	0
1	0	1	0	0	0
2	1	1	1	0	1
3	1	1	0	0	1
4	0	1	0	1	1
5	1	0	0	1	1
6	1	0	1	1	1
7	1	1	0	0	0
8	1	1	1	1	1
9	1	1	0	1	1

计算表 4-2 中每条规则的核值,将规则中的某一属性值去掉之后,原表出现不一致性,那么就可以确定该值为当前规则中的核值,以此类推就可得到所有规则的核值表,见表 4-3。

表 4-3　基于规则核值的信息表

U	a	b	e	f	g
0	*	*	*	*	0
1	0	*	*	*	*
2	*	*	1	0	*
3	*	*	0	0	1
4	0	*	*	1	*
4	0	*	*	*	*
5	*	0	0	*	*
6	*	0	1	*	*
7	1	*	0	*	0
7	1	*	*	0	0
8	*	1	1	1	1
9	1	1	0	1	*

表中 * 表示可以省略的属性取值,其余为特定对象的核属性,从表 4-3
中求得每条决策——规则的约简,共有 16 个最小决策算法,得到全体约简
规则见表 4-4。

表 4-4　最终约简的信息表

U	a	b	e	f	g
0	*	*	1	*	0
0	*	*	*	*	0
1	0	*	*	0	*
1	0	*	*	*	0
2	*	*	0	0	1
3	*	*	0	0	1
4	0	*	*	1	*
4	0	*	*	*	1
5	*	0	0	*	*

U	a	b	e	f	g
6	*	0	1	*	*
7	1	*	0	*	0
7	*	*	*	*	*
8	*	1	1	1	1
9	1	1	0	1	*

从表中可以看出规则 $0,1,4,7$ 各有两条约简形式,于是可得 16 个最小决策约简,取其中之一:

$$e_1 g_0 \rightarrow 0; a_0 f_0 \rightarrow 1; e_1 f_0 \rightarrow 2; e_0 f_0 g_1 \rightarrow 3; a_0 f_1 \rightarrow 4; b_0 e_0 \rightarrow 5;$$

$$b_0 e_1 \rightarrow 6; a_1 e_0 g_0 \rightarrow 7; b_1 e_1 f_1 g_1 \rightarrow 8; a_1 b_1 e_0 f_1 \rightarrow 9$$

以上算法可用软件实现,经 Rough 集理论处理后,比原始图案要简单得多,所以 Rough 集合可使模式识别的问题简化。

4.3.3 机器人控制系统

机器人控制程序又称 Reactive 程序,是控制智能物行为的程序,其最简单的形式形如产生规则的有序序列 $k_i \rightarrow a_i, i = 1, 2, \cdots, m, k_i$ 是条件对应不同的行为 a_i,系统执行时从第 1 条规则开始搜索条件匹配的规则,执行相应的行为,并保持不间断性,直到有新的规则被激发,在此系统内,Agent 通过他所处环境中的介质的传感作用感知环境的变化,产生相应的动作行为,此行为又导致环境的改变,产生新的感知变化,形成新的行为,这是一个简单的相互作用,图 4-3 是一个简单的机器人抓棒示意图。

其一系列的动作如下:

$$\text{is}-\text{grabbing} \rightarrow \text{nil}; \text{at}-\text{bar}-\text{ceter, facing}-\text{bar} \rightarrow \text{o grabbar};$$

$$\text{on}-\text{bar}-\text{midline, facing}-\text{bar} \rightarrow \text{move};$$

$$\text{on}-\text{bar}-\text{midline, } \sim \text{facing}-\text{bar} \rightarrow \text{rotate};$$

$$\text{facing}-\text{midline}-\text{zone} \rightarrow \text{move}; 1 \rightarrow \text{rotate}$$

其中 nil 为空行为,表示抓棒完成;1 为恒真条件。

假设机器人所处的环境有 6 个状态,其中 5 个分别为产生式规则的前提,被看成 5 个属性,分别为 a, b, c, d, e,另一状态被视为决策属性 f,具体含义如下:

a:是否在中心点,在为 1,否则为 0;

b：是否正前方面对棒，是为 1，否为 0；

c：是否在棒的中心线上，在为 1，否为 0；

d：是否正前方面对中心线，是为 1，否为 0；

e：是否已抓棒，是为 1，否为 0；

f：表示机器人的行为，它有四个属性值，1 表示旋转，2 表示前移，3 表示抓棒，4 为停止，由此可得到一个机器人抓棒决策系统，产生如下的决策表 4-5。

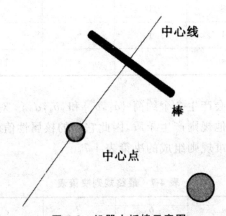

图 4-3　机器人抓棒示意图

表 4-5　机器人抓棒系统决策表

U	a	b	c	d	e	f
1	0	0	0	0	0	1
2	0	0	1	0	0	1
3	1	0	1	0	0	1
4	0	0	0	1	0	2
5	0	1	1	0	0	2
6	1	1	1	0	0	3
7	1	1	1	0	1	4

现用 Rough 集方法对其进行属性和值的约简，得出机器人抓棒最简控制决策算法，进行属性约简后得到核属性集 $\{a,b,d,e\}$，属性约简后进行值约简删除重复的行可得表 4-6。

表 4-6　约简后的决策表

U	a	b	d	e	f
1	*	0	0	*	1
3	1	*	*	*	1
4	*	*	1	*	2
5	0	1	*	*	2
6	1	1	*	0	3
7	*	*	*	1	4

对规则 3 而言会产生 2 个约简 $\{a_1,b_0\}$ 和 $\{b_0,d_0\}$，对其他规则而言其核属性值不会与其他规则产生矛盾，因此它们的核属性值就是它们的约简，故得到所有可能决策规则组成的决策表 4-7。

表 4-7　最终规则决策表

U	a	b	d	e	f
1	*	0	0	*	1
3	1	0	*	*	1
3	*	0	0	*	1
4	*	*	1	*	2
5	0	1	*	*	2
6	1	1	*	0	3
7	*	*	*	1	4

从而可得两个机器人抓棒的最小决策控制算法：

算法一：$b_0d_0 \rightarrow f_1 ; a_1b_0 \rightarrow f_1 ; d_1 \rightarrow f_2 ; a_0b_1 \rightarrow f_2 ; a_1b_1e_0 \rightarrow f_3 ; e_1 \rightarrow f_4 ;$

算法二：$b_0d_0 \rightarrow f_1 ; d_1 \rightarrow f_2 ; a_0b_1 \rightarrow f_2 ; a_1b_1e_0 \rightarrow f_3 ; e_1 \rightarrow f_4 ;$

对两种算法组合为

$$b_0d_0 \rightarrow f_1 ; a_0b_1 \vee d_1 \rightarrow f_1 ; a_1b_1e_0 \rightarrow f_3 ; e_1 \rightarrow f_4 ;$$

最终就得到了最简约简规则。

4.3.4　其他应用

此外 Rough 集的应用领域还非常广泛,已经渗透到国民经济生产发展的各行各业,成为智能信息处理的强大工具,它提供了在人工智能领域许多分支的有效方法,逐渐成为数据挖掘研究的主要理论工具。

(1)股票数据分析。Golan 等人利用粗糙集理论分析了 10 年间的股票历史数据,通过研究发现了股价与经济之间的依赖关系,这一预测规则得到了华尔街的认可。

(2)专家系统。粗糙集抽取规则的特点为构造专家系统知识库提供了新的方向。

此外,还在地震预报、冲突分析、粗糙控制、决策分析、电力系统、信息检索等领域有着应用,限于篇幅,这里将不再赘述。

4.4　粗糙集理论的研究现状与发展趋势

4.4.1　粗糙集的研究现状概述

Rough 集合理论是一种处理含糊和不精确性问题的新型数学工具,比起模糊集,对于当今现代的计算机的应用来说,这种理论无疑是最具挑战性的。

其发展方向主要有两方面:一方面是对 Rough 集的理论研究,发表了Rough 集代数、Rough 集拓扑及其性质、Rough 集逻辑及处理近似推理的逻辑工具等论文,充分阐明了 Rough 集与 Fuzzy 集、证据理论与 Rough 集之间的关系,也建立了 Rough 集与概率逻辑、Rough 集与模态逻辑等的统一框架。另一方面是 Rough 集理论的逻辑研究,如 Pawlak Z. 确立了五个逻辑真值,Orlowska E. 以等价关系 R 作为新的谓词扩充了经典的二值逻辑;Liu 和 Lin 基于拓扑学观点定义了类似上下近似的算子 L 和 H,建立了带算子的近似推理的逻辑演绎系统。这些研究都为经典逻辑在近似推理中的应用开辟了新途径,另外,Rough 集方法的函数研究方面近年来出现了不少 Rough 函数及隶属函数的研究,发表了关于 Rough 离散化和实函数Rough 集离散化方面的论文。

目前对于粗糙集的研究涉及各个步骤的各个方面,主要包括理论研究和实践应用。

（1）粗糙集模型的拓展

粗糙集理论进行数据分析时，常遇到一些经典的难题，因此一些学者在经典的模型之上进行了扩展。扩展的方法主要有构造性方法与代数性方法。

Y. Y. Yao 从传统的单论域出发，在双论域的基础上讨论了二元关系的笛卡尔集描述及相应的推导公式，其多元论域的情形仍是有待研究的课题。

基于关系推广的模型拓展总的来说可分对关系领域的松弛与紧缩两种情形，一般的松弛方法是将二元关系下定义的粗糙集模型拓展为一般关系的模型，有的文献利用布尔代数的观点分析粗糙集的相关概念和推理机制，进一步扩展了理论模型。从研究不确信息的宏观角度出发，将普通关系转化为模糊关系获得模糊粗糙集模型，并将其应用到实际中，对关系领域的紧缩可将对象所在的等价类 x 看成是 x 的一个领域，从而推广到基于领域算子的粗糙集模型。

近年来，对集合和近似空间模型拓展的研究较为广泛和深入，通过与处理不确定信息的其他理论（如概率论、模糊数学、信息论、DS 证据理论等）相结合建立了体现理论融合的一系列拓展模型，其中有影响的拓展模型是基于统计（概率）的粗糙集模型、可变精度模型、相似模型、基于随机集的粗糙集模型。粗糙模糊集模型用来处理知识模块清晰而描述概念模糊的情形，以及知识模块和描述概念均模糊的情形。

（2）粗糙集理论融合研究现状

粗糙集是一种智能处理方法，与其他的处理方法一样有各自的优点，多年来，粗糙集与其他理论的融合研究一直备受关注，尤其近年来，随着神经网络、遗传算法、决策树、概念格、数字图像处理等技术的深入研究和日臻完善，学科交叉点越来越多，出现了许多将粗糙集概念融入上述技术的理论与实践，并取得了良好的效果。

①粗糙集与其他不确定信息理论融合。模糊集理论、DS 证据理论、概率统计是处理不确定信息的三种方法，粗糙集的不确定研究与这些理论相互渗透补充，粗糙集的上下近似集合分别对应模糊理论中的模糊隶属度函数和 DS 证据理论中的置信度函数。

②粗糙集与神经网络和遗传算法的融合。神经网络技术模仿生物特征，建立网络结构，通过不断学习和权值调整达到网络节点状态更新，实现了并行处理自组织、自适应、自学习信号的能力，遗传算法基于达尔文的进化论，通过选择变异杂交实现种群优化，研究粗糙集与两种理论的交叉点，实现理论互用是近期研究的一个热点，其中一方面是算法研究，即将粗糙集

的决策表约简过程中的核属性集规则的信息空间搜索用神经网络处理技术训练空间样本集,调整决策规则的依赖因素,直至满足规则约简条件,另一方面是利用并行处理机制建立基于粗糙集和神经网络的分类系统,用粗糙集方法进行预处理,再用神经网络训练实例实现模型分类,其抑制噪声的能力强,分类精度高。基于各种神经网络模型,出现了大量粗糙集与不同网络模型结合的研究,其理论交叉点的核心即为粗糙集中属性及实例不确定的量度作为空间样本在特定的网络模式下进行训练分类。

　　基于神经网络的粗糙集处理过程如图 4-4 所示。

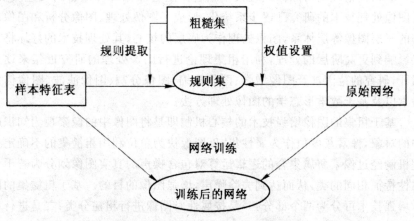

图 4-4　神经网络的粗糙集处理过程

　　粗糙集与径向基网络模型结合产生了 RBF 粗糙网络,在测度空间中等价划分测度集,将测度集的值集测度作为网络输入向量,并通过非线性网络映射实现非监督模式分类。

　　粗糙集与 BP 网络模型结合,网络分为五层,每层节点分别表示原始信息向量、离散化后的信息向量、规则前件、规则后件、决策分类,节点间的权值连接分别为信息不确定性测度及规则的前件与后件关系,基于经典的前向反馈算法,训练原始信息表并采用极小算子将不确定性规则降至最小,达到较好的粗集分类和规则适应度。

　　粗糙集与多层感知器相结合,建立包含一个隐含层的模糊多层感知器,规则的覆盖度和精确度作为连接网络节点的权值,通过简单的感知器学习也达到了正确的规则分类效果。

　　粗糙模糊神经网络范型构造的研究分为若干步骤:数据离散化处理;基于粗糙集的数据分析,其中包括数据过滤、属性约简得到相应规则、计算各条规则中的粗隶属度;人工神经网络子网络的训练。将构建的范型进行预测和决策又分为若干步骤:根据建模过程中得到的区间划分对输入数据进行离散化;利用提取出的规则按照匹配度最大的原则对输入进行判决;计算系统输出。由此构造的粗糙模糊神经网络已经成功应用于机器故障检测等领域。

遗传算法与粗集理论结合的研究主要应用于对粗糙集规则的并行随机搜索的自适应算法的研究上,在这方面人们已经取得了一定成果,著名的LERS 系统就采用了遗传算法的 BBA(Bucket brigade algorithm)过程,其理论的融合分散在信息处理机制的各个过程中,在此不再详述。

③粗糙集理论与图像处理技术结合。随着图像硬件设备的飞速发展,对图像处理技术的研究已逐步系统化,形成了图像处理、图像分析和图像理解的三层图像等层体系,图像处理作为底层的核心,其处理技术的好坏将直接影响到更高阶层的处理,利用粗集理论进行图像处理的研究近年来逐步展开,研究的范围涉及图像增强、图像压缩、图像分割、图像滤波、图像信息检索以及基于数学形态学的图像处理方法。

基于粗集的图像增强技术的核心机制即是将图像中的像素视为知识库中的对象,像素灰度值作为属性集,以图像块为单位利用粗糙集的不确定处理机制经过像素所属集合的逻辑运算对包含噪声的真实图像划分为若干个属性特征相同的类,从而达到去除噪声,增强图像的目的。基于粗糙集的图像增强技术可分为两个部分:一是按属性对图像进行粗糙分类;二是进行增强变换得到增强的输出图像。

基于粗糙集的图像压缩技术主要利用粗糙集的分类功能对离散余弦变换后的图像特征属性进行分类,最后通过 SORM 神经网络进行信息编码,其压缩较传统的方法有更低的比特率和更高的信噪比。

图形检索技术主要是通过图形图像包含的语义在多媒体数据中对图形图像进行检索,利用相容粗糙集理论首先对检索图像进行支持度划分,确定每一个对象与目标检索的相关程度,按相关程度的递减的七个层次(包括精确等价、粗等价、粗包含)的次序检索出用户感兴趣的图像。

Shinha 和 Dougherty 将模糊集理论引入数学形态学,用模糊隶属度定义了形态学算子,基于粗糙集的模糊数学形态学从数学形态学中的膨胀和腐蚀及开启和闭合四种基本算子与粗集中的上下近似关系的相似性入手,更精确地定义了模糊关系中的不确定性,从而对二值图像的形态滤波达到了更好的效果。

④粗糙集与其他数据分析方法的融合。智能信息处理中的数据分析方法很多,最主要的就是 WiUe R. 提出的概念格和决策树算法。概念格本质上是一种空间 Hasse 图结构,每个节点包含概念所覆盖的实例外延和覆盖

实例的共同特征内涵两个部分,格中每个节点均是等价关系,节点之间构成层结构和偏序关系,将粗糙集的上下近似集用概念格中的节点表示,通过格的批处理算法或增量算法建立基于容差近似空间中的概念格模型,从而产生相关规则信息,此外还有基于有限 Boole 格上的粗糙集代数结构研究等;决策树是一种空间树结构,较概念格结构更为清晰,ID3 建树方法是其中比较有影响的方法,采用启发式方法建树可以融入粗糙集理论既考虑了属性之间的依赖关系,又兼顾了分类种类,使得原先必须通过计算信息熵选取分支属性的复杂工作只需进行简单的集合运算便可建树,从而得到分类规则。

4.4.2　粗糙集的发展前景

Rough 集的核心词是不精确性,其理论为个体的近似描述提供了精确的数学定义和高效的处理方法,近年来基于 Rough 集的研究核心包括寻找对应关联特征的关联规则的提取、综合默认规则、综合近似推理模式以及建立从数据获取更高层次的知识等方法,这些方法在数据挖掘和软计算中得到了广泛的应用,今后的研究热点包括:

①基于知识"粒度"的粗糙集数学理论的系统化和形式化。

②基于粗糙集的非精确推理。

③粗糙集测度的定量分析。

④基于粗糙集的网络数据挖掘。

⑤高效的粗糙集信息处理方法及并行结构体系研究。

⑥粗糙集与其他智能处理技术的交融。

⑦粗糙集在工程方面的应用。

总之,粗糙集的研究正在升温,其理论内容和应用前景是十分广阔的,与其他软计算处理方法一样,粗糙集理论在今后的发展必将更深更广。

第 5 章　进化计算的信息处理技术

进化计算是一种模拟生物进化过程与机制求解问题的自组织、自适应性人工智能技术。它是以生物界的"优胜劣汰、适者生存"作为算法的进化规则。

5.1　进化计算概述

从进化角度来讲，远古时期的单细胞生物发展到具有高智慧、高思维的生物体，期间经历了十分复杂的进化道路。事实表明，人类不仅能够被动地适应环境，还能够通过学习、模仿与创造，从而不断地提升自己适应环境的能力。一直以来，我们将生物界的技能应用到求解实际问题已经被证明是一个非常成功的方法。

5.1.1　进化计算的发展过程

进化计算是一门计算机科学，在 20 世纪 50 年代得到迅猛发展。总的来说，其发展过程可分为三个阶段：第一阶段为萌芽期，这一时期仅限于纯粹的生物学研究，也仅仅采用了现代遗传算法的一些标识方式；第二阶段为成长期，20 世纪 80 年代末期，世界各国都在研究计算机，因此关于进化计算的研究也进入了热潮，许多专著相继发表；第三阶段为发展期，这一阶段的研究发掘了最有影响力的成就，那就是遗传规划的出现。

20 世纪 90 年代以来在进化计算领域出现了一位著名的代表人物：Xin Yao。他在对进化计算中的进化算子性能进行系统分析的基础上，对传统的进化计算方法进行了诸多有效的改进，如：在进化过程中采用了合作进化的策略。除此以外，Xin Yao 的一个最主要的工作就是，将进化计算与神经网络结合进来，从而产生了系统进化神经网络理论，并把否定相关性学习用于进化神经网络的学习过程，较好地完善了进化神经网络理论。

5.1.2　进化计算的主要特点

进化计算是借鉴了微生物的进化规则从而发展起来的问题求解的方法,由于其基本思想源于自然界,因此该算法具有自然界生物所具有的极强的适应性的特性,这一特性能够解决传统方法难以解决的复杂问题,因此它的研究吸引了大家一致的关注。它在算法中的独特之处在于全局搜索的方式。

全局搜索方式主要表现为有指导搜索、自适应搜索、渐近式寻优、并行式搜索、黑箱式结构、全局最优解、内在学习性及稳健性强等几个方面,限于篇幅这里将不再展开讨论。

5.2　遗传算法及其应用

近些年来遗传算法(Genetic Algorithm,GA)的理论研究和应用研究成为一大热点,吸引了大批研究人员和工程技术人员从事这个领域的研究。目前,遗传算法已经在机器学习、软件技术、图像处理、模式识别、神经网络、工业优化控制、生物学、遗传学、社会科学等方面得到了广泛应用,而且正向其他学科和领域渗透,形成了遗传算法、神经网络和模糊控制相结合的新型智能控制系统整体优化的结构形式。

遗传算法是基于进化论的一种优化计算模型,对许多数学难题或者明显实效的问题有着良好的处理能力,它为计算提供了一条非常有效的新途径,也为人工智能的发展带来了新的生机。

纵观漫长的历史发展进程,人们不难发现,生物在自然界中的生存繁衍显示出了它们对自然环境的自适应调整能力。生物就是在遗传、变异和选择三种因素的综合作用下,不断地向前发展和进化,这个过程蕴含着一种搜索和优化的先进思想。Holland教授正是吸取了自然进化的法则,从而提出了在复杂空间进行鲁棒搜索的遗传算法,为解决疑难问题提供了新的途径。

遗传算法的主要思路是:求解问题时,将搜索空间看作遗传空间,将可能的解看作是一个染色体(Chromosome),染色体里面有基因(Gene),所有染色体组成一个群体(Population)。首先需要随机选择部分染色体并组成原始种群,根据某种指标进行评价,然后计算其适应度值,保留较大的适应度值,淘汰较小的,并根据自然遗传学的遗传算子(Genetic Operators)进行组合交叉(Crossover)和变异(Mutation),最后产生具有新的解集的种群。此过程好比自然进化一样,新一代将比前一代更加适应环境,直到达到预定的优化标准,末代种群中的最优个体经过解码(Decoding)后,将作为问题近似最优解输出。

5.2.1 遗传算法的一般步骤和基本算子

5.2.1.1 遗传算法的一般步骤

遗传算法是一种非常典型的迭代算法。它开始于一组随机产生的解,在进行每一迭代计算时,通过模拟进化和继承的遗传操作产生一组新的解,每组解对应一组适应度函数,这一过程不断重复,直至达到某种意义上的收敛。新的一组解不但可以有选择性地保留一些适应度函数较高的旧解,而且还包括一些与其他解相结合的新解。

图5-1给出了遗传算法的工作原理框图。

限于篇幅,关于遗传算法的运算过程这里将不再介绍。

5.2.1.2 遗传算法的特点

遗传算法不同于传统算法,它是借鉴了自然生物遗传机制的随机搜索算法。遗传算法有很多优点,其主要优点有如下几个方面。

(1)遗传算法主要针对的是问题解的编码组,而不是针对问题解的本身。

(2)遗传算法具有并行计算的能力,因此通过大规模的并行计算可以显著提高计算速度。

(3)由于遗传算法通过适应度函数来计算适应度值,期间并不需要其他的辅助信息,因此对问题的依赖性较小。

(4)遗传算法的寻优规则主要由概率所决定,所以它不是确定的。

(5)相较于其他算法,遗传算法更加适合大规模复杂问题的优化。

(6)遗传算法不仅功能强大,而且计算比较简单。

(7)遗传算法可扩展性能好,能够与其他算法实现融合。

遗传算法优点很多,但是它也有一定的缺陷,比如:

(1)编码的规则不规范且编码的表示不准确。

(2)单一的遗传算法不能将优化问题的约束全部表现出来,考虑约束的首要条件就是对不可行解进行阈值判定,从而导致计算时间的延长。

(3)遗传算法的效率较低。

（4）遗传算法易在运算过程中出现过早收敛。

（5）遗传算法在精度、可信度、计算复杂性等方面没有形成非常有效的定量分析方法。

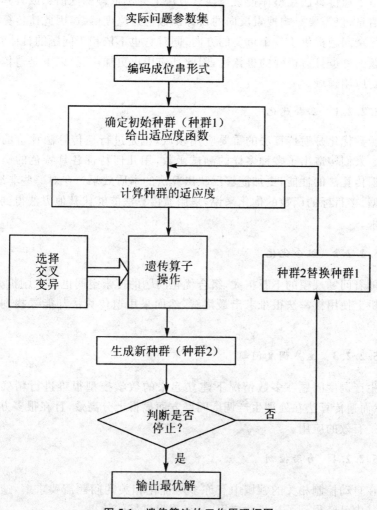

图 5-1　遗传算法的工作原理框图

虽然从遗传算法基本思想的产生至今才有 40 多年的历史,广泛应用于求解优化问题也是近十几年的事,但是初步研究及广泛的应用实践已显示出其作为可靠、有效的全局优化算法的巨大潜力和诱人前景。目前,已有很多关于遗传算法的改进文章,针对 GA 收敛速度慢、局部寻优能力差、产生最优解精度低等缺点进行各种改进,遗传算法的性能较提出之初已大大改善,在应用方面也成果丰硕,使人们对它的发展前景充满信心。

5.2.2　遗传算法的应用

由于遗传算法在整体搜索与搜索方法上并不依赖梯度信息或者其他的辅助信息,仅需要影响搜索反向的目标函数与适应度函数,因此遗传算法为求解复杂问题提供了一个重要的方向,同时它也不依赖于问题的具体领域,对问题的种类具有极强的鲁棒性,因此其应用也更加广泛,以下是遗传算法的主要应用领域。

5.2.2.1　函数优化

函数优化是遗传算法的重要应用领域,也是进行遗传算法评价的常用算例。人们构造出了多种多样的测试函数,用几何特性各具特色的函数来评价遗传算法的性能,更加能够反映出算法的本质效果。在对一些非线性、多模型、多目标的函数的优化来说,采用遗传算法能够比其他方法得到更好的结果。

5.2.2.2　组合优化

随着问题规模的不断扩大,组合优化问题的搜索空间也在急剧扩大,在计算机上使用枚举法很难求出最优解,然而采用遗传算法却能寻找到较为满意的解。

5.2.2.3　生产调度问题

生产调度问题在多数情况下建立起来的数学模型很难进行精确的求解,然而遗传算法在处理生产调度问题方面显得十分高效,且在很多方面都得到了有效的应用。

5.2.2.4　自动控制

在自动控制相关的领域中有许多与优化相关的问题需要求解,遗传算法在其中已经得到了初步的应用,并显现出良好的效果。

此外,遗传算法还在机器学习、图像处理、人工生命、遗传编程以及机器人学等领域有着较为广泛的应用,限于篇幅,这里将不再介绍。

5.3　进化策略与进化规则

前面介绍了美国学者 Holland 等人提出的遗传算法。在差不多相同的时期,德国学者 Schwefel 和 Rechenherg,美国学者 Fogel 分别提出了进化策略(Evolution Strategies,ES)和进化规划(Evolutionary Programming,EP)。遗传算法、进化策略和进化规划具有共同的本质,但它们强调的是自然进化中的不同方面。通常,遗传算法主要强调染色体的操作,进化策略强调个体的行为变化,而进化规划则强调种群的行为变化。

5.3.1　进化策略

在早期进化策略研究中,种群中只包含一个个体,并且只采用突变操作。在每一代中,突变后的个体与父代进行比较,然后选择其中较好的一个,这种方法称为(1+1)策略。

进化策略中的个体用传统的十进制实型数表示。

进化策略的一般算法可以描述如下:

$$X^{t+1} = X^t + N(0,\sigma) \tag{5-3-1}$$

式中,X^{t+1} 是新个体,X^t 是父个体,$N(0,\sigma)$ 是服从正态分布的随机数,其均值为 0,标准差为 σ。

因此,进化策略中的个体含有两个变量 X 和 σ。新个体 X^{t+1} 是在父个体 X^t 的基础上添加一个独立随机变量 $N(0,\sigma)$。如果新个体的适应度优于父个体,那么则选用新个体;否则,舍弃性能欠佳的新个体,重新产生下一代新的个体。在进化策略中,这种进化方式称为突变。很明确,突变所产生的新个体与父个体的差别并不大,这一点符合生物进化的基本状况,也就是说生物的微小变化多于急剧变化。

(1+1)策略没有体现群体的作用,只是单个个体在进化,具有明显的局限性。$(\mu+1)$ 策略把父代个体只有 1 个扩展成 μ 个,通过重组和突变产生新个体。将新个体与父代 μ 个个体相比较,若优于父代最差个体,则代替后者,成为新一代 μ 个个体的新成员。否则,重新执行重组和突变产生另一新个体。

所谓重组,是指在 μ 个个体中任意选择两个父代个体,如

$$\begin{cases} (X^1,\sigma^1) = ((X_1^1,X_2^1,\cdots,X_n^1),(\sigma_1^1,\sigma_2^1,\cdots,\sigma_n^1)) \\ (X^2,\sigma^2) = ((X_1^2,X_2^2,\cdots,X_n^2),(\sigma_1^2,\sigma_2^2,\cdots,\sigma_n^2)) \end{cases} \tag{5-3-2}$$

然后将其分量进行随机交换,构成用于突变的新个体

$$(X^p,\sigma^p) = ((X_1^p,X_2^p,\cdots,X_n^p),(\sigma_1^p,\sigma_2^p,\cdots,\sigma_n^p))$$

其中 X_1^p 是 X_1^1 和 X_1^2 中的任意一个,X_2^p 是 X_2^1 和 X_2^2 中的任意一个,依次类推。

虽然 $(\mu+1)$ 策略与(1+1)策略基本相同,但它引入了群体,增添重组

算子,为进化算法的进一步发展打下良好的基础。

$(\mu+\lambda)$ 和 (μ,λ) 这两种进化策略与 $(\mu+1)$ 一样,都采用 μ 个个体作为父代群体,但它们有 λ 次重组和突变,产生 λ 个新个体。$(\mu+\lambda)$ 与 (μ,λ) 的差别仅仅在于下一代群体的组成上。$(\mu+\lambda)$ 表示在原有的 μ 个个体及新产生的 λ 个新个体中择优选取 μ 个个体作为下一代群体,(μ,λ) 则是只在新产生的 λ 个新个体中择优选择 μ 个个体作为下一代群体,这时要求 $\lambda > \mu$。总之,在进行子代新个体的选择时,如果需要根据父代个体的优劣进行取舍,使用"+"记号,否则使用","分割。

5.3.2 进化规划

进化规划是基于对自然进化的模仿,它的构成技术与进化策略的构成技术相类似。

在进化规划中,μ 个父个体按照突变方式产生 μ 个新个体,然后在 2μ 个个体中选择 μ 个个体作为下一代群体,经过反复迭代,最后得到满意的结果。因此,突变是进化规划产生新群体的唯一算子。

突变产生新个体的方法是

$$x_i^{t+1} = x_i^t + \sqrt{\beta_i f(X^t) + \gamma_i N(0,1)} \qquad (5\text{-}3\text{-}3)$$

式中,$f(X^t)$ 是第五代的适应度值;$N(0,1)$ 是服从正态分布的随机数,其均值为 0,标准差为 1;β_i 和 γ_i 是特定的参数,一般取 $\beta_i = 1, \gamma_i = 0$。

上式表明,新个体以父个体为基础,所添加的随机数与个体的适应度有关。随机数大的个体适应度也大,随机数小的个体适应度也小。在进化初期,这种产生新个体的方法有利于快速向最优个体靠拢;在进化的后期,算法无法平稳收敛,这也是进化规划的致命缺点。

进化规划的选择采用随机型的 p 竞争选择法,其工作步骤如下:

①从 2μ 个个体中,依次选择个体 i;

②从 2μ 个个体中随机选择 p 个测试个体;

③按适应度比较个体 i 与 p 个测试个体的优劣,记录 i 优于或等于 p 的次数,作为个体 i 的得分 W_i;

④重复②、③,直至 2μ 个个体都有得分 W 形为止;

⑤按得分 W 的高低,挑选得分高的 μ 个个体组成新群体。

p 竞争选择法是一种随机选择,总体上讲,优良个体入选的可能性较大。但由于测试群体 p 每次都是随机选择的,当 p 个个体都不甚好时,有可能使较差的个体因得分高而入选。这正是随机选择的本意。如果 p 很大,则选择变为确定性选择。反之,若 p 很小,则选择的随机性太大,不能保证优良个体入选。通常取 $p = 0.9\mu$。

5.4　基于进化计算的多项式逼近信号去噪

在信息与信号处理领域，很难在不失真的条件下获得想要的信号。究其原因，信号或信息源可能处于复杂环境中，易受噪声干扰；在信号采集过程中，由于采样频率的限制以及其他因素影响，会造成信号或信息失真；信息和信号传输过程中也可能受到各种干扰。因此要实现对信号的有效分析就必须在信噪比尽可能高的情况下进行，若信号的信噪比较低，则需要进行消噪处理，以提高信噪比。在现实中，常常存在噪声干扰非常严重的信号。因此解决信号的信噪比已经成为一个非常重要的问题。

实际应用中，有多种信号去噪方法，如时域平均、小波软阈值滤波、中值滤波和多项式逼近等去噪方法。其中多项式逼近去噪方法尤其在地震信号分析中得到了广泛的应用。这里以多项式逼近信号去噪为例，介绍微粒群算法在实际工程中的应用。

多项式逼近信号去噪的理论依据是著名的维斯托拉斯（Weierstrass）定理。

维斯托拉斯定理：在区间 $[a,b]$ 上连续的函数 $f(x)$，ε 是任意给定的常数，存在定义在 $[a,b]$ 上的多项式 $q(x)$，满足条件 $|f(x) - q(x)| < \varepsilon, \forall x \in [a,b]$。

维斯托拉斯定理表明，定义在闭区间上的任意连续函数，均可用多项式进行逼近。以图 5-2 为例说明基于维斯托拉斯定理的多项式逼近信号去噪原理。对信号去噪问题而言，噪声污染的信号经多项式逼近后，将被平滑化，即实现了滤波去噪。

设经噪声污染的信号为 $f(t)$，采用 n 次多项式逼近，则逼近多项式 $q(t)$ 可表示为

$$q(t) = a_0 + a_1 t + a_2 t^2 + \cdots + a_n t^n = \sum_{i=0}^{n} a_i t^i \tag{5-4-1}$$

在 n 次多项式逼近的条件下，欲得到最好的去噪效果，多项式 $q(t)$ 应使得 $\int |f(t) - q(t)| dt$ 最小，即多项式 $q(t)$ 能最佳地平滑逼近污染后的噪声信号。也即为得到最优的去噪性能，应找到一组多项式系数 $A = \{a_0, a_1, a_2, \cdots, a_n\}$，使得 $\int |f(t) - q(t)| dt$ 取最小值。

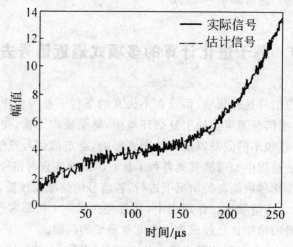

图 5-2 多项式逼近信号去噪

严格地说,给定经噪声污染的信号为 $f(t)$,n 次多项式逼近信号去噪方法利用多项式 $q(t)$ 逼近信号 $f(t)$,其中 $q(t) = \sum_{i=0}^{n} a_i t^i$,多项式系数 $A = \{a_0, a_1, a_2, \cdots, a_n\}$ 满足

$$A = \underset{a_i, i=0,1,\cdots,n}{\mathrm{argmin}} \int \left| f(t) - \sum_{i=0}^{n} a_i t^i \right| \mathrm{d}t \tag{5-4-2}$$

由式(5-4-2)可知,多项式逼近信号去噪问题本质上是一个单目标多参数优化问题,可以利用微粒群算法和遗传算法等进化计算方法求解。

需要指出的是,实际应用中,信号 $f(t)$ 为经乃奎斯特采样的离散信号。设 $f(t)$ 采样点数为 N,则 $q(t)$ 在离散条件下可表示为

$$q(t) = \sum_{i=0}^{n} a_i t^i, t = 1, 2, \cdots, N \tag{5-4-3}$$

或者

$$q(t) = \sum_{i=0}^{n} a_i \left(\frac{t}{N} \right)^i, t = 1, 2, \cdots, N \tag{5-4-4}$$

相应的目标函数式(5-4-2)为

$$A = \underset{a_i, i=0,1,\cdots,n}{\mathrm{argmin}} \sum_{t=1}^{N} \left| f(t) - \sum_{i=0}^{n} a_i t^i \right| \tag{5-4-5}$$

或者

$$A = \underset{a_i, i=0,1,\cdots,n}{\mathrm{argmin}} \sum_{t=1}^{N} \left| f(t) - \sum_{i=0}^{n} a_i \left(\frac{t}{N} \right)^i \right| \tag{5-4-6}$$

请从计算量和存储空间需求等方面分析上述两种表达方式的特点,选

择较为合理的一种表达式进行微粒群算法程序实现。此外,还请考虑多项式次数的选择对逼近效果的影响,是不是多项式次数越高逼近精度越好?多项式次数对计算时间和存储空间需求是否有影响?

根据前述进化计算设计方法,基于进化计算的多项式逼近信号去噪应注意以下问题:

(1)优化问题的评价函数。在多项式逼近信号去噪问题中,优化目标函数为式(5-4-5)或式(5-4-6),且根据问题的特点,目标函数值越小则粒子的适应度越大。

(2)编码方案。为了适应进化计算方法,需将问题的解从解的空间映射到某种结构的表示空间,即用特定的码串表示问题的解。由于多项式逼近信号去噪问题是在连续特征空间的优化问题,因此可采用实数向量的编码方案,例如可以采用如下向量编码 $p_i = (a_{i0}, a_{i1}, a_{i2}, \cdots, a_{in})$,其中 a_{i1} 表示第 i 个微粒中对应的逼近多项式系数 a_i。

(3)算法选择。微粒群算法与遗传算法都包含很多参数,应根据该问题的特点,选择合适的参数。

(4)确定算法的终止准则。在实现进化计算方法时,可采用以下方法进行策略终止:①预先设定一个最大迭代次数;②当搜索过程中解的适应度在连续多少代后不再发生明显改进时,终止算法。

(5)程序代码优化。在实现过程中,应充分利用 MATLAB 强大的矩阵运算功能,提高代码执行效率。

5.5　进化计算的研究现状和发展趋势

5.5.1　进化计算的研究现状

自从 20 世纪五六十年代进化计算的思想被提出以来的半个世纪里,众多学者对进化计算的理论和应用都进行了大量的研究,并取得了令人瞩目的成果。进化计算和人工神经网络、模糊系统并称为人工智能领域的三大研究热点。本节我们将从进化计算的理论研究、算法改进、应用情况、国际会议及资源等几个方面来叙述进化计算的研究现状。

5.5.1.1　理论研究

进化计算的理论研究主要有验证 SGA 有效性的模式定理;正交函数分

析;Markov 链分析;编码策略的研究;控制参数的选择等。

(1)模式定理。Holland 的模式理论奠定了 GA 的数学基础,一些文献对模式定理中每代有效模式的下限值进行了研究。然而,最近一些学者对模式定理的正确性提出了质疑。尽管大量的实际应用支撑着模式定理所依赖的积木块假设,但仍然不能够断定对于某一给定的问题,积木块的假设是否成立。

(2)正交函数分析。针对模式定理模式适应度难以计算和分析,学者们提出用正交函数进行分析。现有的正交函数分析有傅立叶分析、Walsh 函数分析和 Hart 函数分析,其中最主要的是 Walsh 函数分析法。从 Bethke 提出用 Walsh 函数来作为分析 GA 的工具以来,Walsh 函数分析法得到了推广。

(3)Markov 链分析。Markov 链是分析全局收敛性以及计算复杂度的工具。近几年,遗传算法全局收敛性分析取得了突破性进展。文献[1]是用 Markov 链或 Markov 链的状态转移矩阵对遗传算法或改进的遗传算法进行收敛性分析。

上述的收敛性分析是建立在时间趋于无穷这一基础之上。然而事实上,遗传算法的计算复杂性问题是实际应用中最为关心的问题。文献[2]以 Markov 链为工具对遗传算法的计算复杂度和计算时间进行了研究。Niwa 等基于群体遗传学中的 Wright-Fisher 模型,使用扩散方程对此进行了分析。Xin Yao 系统地比较了各进化算法在解决优化问题时的计算时间,并在 Absorbing Markov 链的基础上建立了分析进化计算时间的框架。虽然研究成果在实际应用中存在概率转移矩阵过大,造成计算上的难度,然而其分析思路是值得借鉴的。

(4)编码策略。Holland 模式定理建议采用二进制编码,并给出了最小字符集编码规则。为了克服早熟现象,人们相继提出动态变量编码、浮点数编码,并对新的编码策略与二进制编码进行比较研究与严密的数学分析,得出一些有意义的结论。

目前,关于采用何种编码策略仍然存在许多争议。

(5)控制参数的选择。控制参数主要有群体大小 n,交叉概率 p_c 以及变

---

[1] 李书全,寇纪淞,李敏强. 遗传算法的随机泛函分析[J]. 系统工程学报,1996,19(10):794-797.

[2] T Back. The Interaction of Mutation Rate,Selection and Self-Adaptation within Genetic Algorithms[R]. In:Parallel Problem Solving form Nature 2,North Holland,1992:84-94.

异概率 p_m 等,这些参数对进化计算性能影响较大。为了选择合适的 n,p_c, p_m,许多学者进行了研究。

(6)其他新的理论与分析方法。除了以上介绍的进化计算理论方面的研究成果外,近年来一些学者们分别提出了新的数学理论和分析工具。如维数分析法、复制遗传算法(BGA)、秩统计分析法、二次动力系统(QDS)。Stanford 大学 Wolpert 和 Macready 教授比较了遗传算法与模拟退火求解问题的性能,提出了 No Free Lunch(简称 NFL)定理,得出了平均所有情况两种算法性能是相同的结论,建议不要盲目地将遗传算法应用到任何问题。

5.5.1.2　算法改进

由进化计算存在的缺点出发,各国学者提出了改善性能计划的研究,并提出了各种变形的算法,下面将介绍几种改进的进化算法。

(1)改进算法的组成成分或使用技术。在这种改进途径中,一般通过选用优化控制参数、适合问题特性的编码技术以及改进的进化算子来改善算法性能。对种群进行改进的算法有:

分层遗传算法(Hierarchic Genetic Algorithm,HGA)、μGA 的小群体方法。采用新的编码技术的算法有:变长染色体遗传算法 Messy GA、使用 DNA 的 ATCG 编码模拟 DNA 修补系统功能的递阶遗传算法、CHC 算法、参数动态(DPE)编码策略等。

为改善进化计算的搜索能力,抑制早熟现象以及提高搜索效率和收敛速度,各种改进的进化算子被相继提出。如人工选择算子、近亲繁殖算子、SRM(Self-reproduction)算子、基于佳点集理论的交叉算子、自适应变异算子、CM(Crossove and Mutation)算子、混沌变异算子和免疫算子等。

此外,Fogel 使用了后退和消亡这两种新的生命模式,提出消亡进化规划(Extinction Evolutionary Computation),并分析了在何种情况下消亡进化规划比传统进化规划和快速进化规划有效。

(2)采用高级基因操作策略。除了改进进化算子以改善进化计算的性能外,近年来,许多高级基因操作得到了应用,如显性操作等。

(3)采用动态自适应技术。在这种改进方法中主要是在进化过程中引入动态策略和自适应策略以调整算法的控制参数(如群体大小 n、交叉概率 p_c 和变异概率 p_m),从而改善算法的性能。自适应遗传算法(Adaptive GA,AGA)以及其他算法能够对交叉概率和变异概率进行自适应调整。文献①中介绍的自然遗传算法(nGA)能够根据实际情况及时调节种群大小、

---

① 李刚,童頫. 自然遗传算法及其性能分析[J]. 应用科学学报,1999,17(3):337-342.

交配率和变异率等参数。

(4)采用共享和并行机制。为提高 GA 处理多峰函数优化问题的能力,基于共享机制的小生境技术被引入到遗传算法中,以保持问题解的多样性,同时具有很高的全局寻优能力和收敛速度。

为提高进化计算的运行速度,人们利用进化计算的内在并行机制,提出了并行遗传算法(Parallel Genetic Algorithms,PGA)。目前并行遗传算法的实现方案大致可分为三类:全局型-主从式模型(Master-slave Model),独立型-粗粒度模型(Coarse-grained Model),分散型-细粒度模型(Fine-grained Model)。

(5)混合算法。混合算法有两种:一种是各进化算法之间的混合,如 EP和 GP 的混合进化方法 HGEP(hvbrid GP and EP);另一种是进化算法与其他算法的混合,现有的这一类混合算法有:与其他局部优化算法的混合算法,如 HGACSDM(Hybrid Genetic Algorithms Combined with Steepest Descent Method)法、模拟退火遗传算法(Simulated Annealing Genetic Algorithm,SAGA)、模拟退火进化策略、Parsigal(Parsimony Analysis using a Genetic Algorithm);将基于领域知识的启发式规划嵌入 GA 的方法;遗传神经网络算法;面向对象遗传算法;变异基遗传算法和贪婪遗传算法等。

5.5.1.3 应用情况

进化计算的应用研究比理论研究更加丰富,应用范围几乎涉及所有传统的优化方法难以解决的优化问题。如:优化问题、机器学习、智能控制、人工生命、图像处理等。

(1)进化计算用于优化问题。优化问题分为函数优化和组合优化。函数优化是进化计算的经典应用领域,包括非线性优化、多模型优化和多目标优化等。近年来有很多关于多目标优化问题的文章相继发表,这一领域的研究重点是:多目标优化的收敛性研究、提高多目标优化的速度、改善算法产生 Pareto front 精确估计的能力。

由于组合优化问题中的待搜索空间会随着问题的规模增加而急剧扩充,所以在如此大的搜索范围内用传统的优化方法难以有效地求出问题的最优解。而进化计算具有在复杂的搜索空间中进行全局寻优的能力,因此常被用来解决组合优化问题。如巡回旅行商问题(Traveling Salesman Problem,TSP)、作业调度问题(Job Shop Scheduling Problem,JSP)、物流调度问题(Flow Shop Scheduling Problem,FSP)、树搜索问题(Tree Search)、背包问题、装箱问题以及图论问题等。

(2)进化计算用于机器学习。近年来由于进化计算的发展,基于进化机制的遗传学习成为一种新机器学习方法。基于遗传的经典学习方法有"密歇根方法"(Michigan Approach)、"匹兹堡方法"(Pitt Approach)、"名古屋方法"(Nagoya Approach)。文献①提出的基于思维进化的机器学习方法都分别在复杂机器学习系统中获得了成功的应用。此外,遗传规划应用于机器发现系统的研究以及结合不同学习方法交互作用的混合学习方法也开始收到重视。

(3)进化计算用于智能控制。进化计算与智能控制之间的结合是近年来的研究热点。很多有关进化计算在控制工程、模糊逻辑、神经网络、数据挖掘、机器人控制等领域的应用的文章相继发表。

(4)进化计算用于人工生命。在人工生命领域中,进化计算是人工生命系统开发的有效工具。

(5)进化计算用于图像处理与模式识别。图像处理与模式识别是机器视觉的重要研究领域,进化计算的发展为图像处理和模式识别创造了新的发展途径。

(6)进化硬件。进化硬件(Evoluable Hardware,EHW)是 1992 年由 Hugo de Gads 和瑞士联合工学院(Swiss Federal Institute of Technology)提出的概念,主要是通过进化计算来完成编程集成电路的硬件设计功能。进化计算方法最初主要应用于电路设计方面,它的本质仍然属于优化问题的一种,随后又扩展应用于硬件功能设计。利用进化计算来进行硬件进化主要有两方面:一是对外部(Extrinsic)的进化,也称为脱机(Off-line)进化;另一种是内部(Intrinsic)进化,也称为联机(On-line)进化。

随着工业设计复杂度的增加,传统的蓝图设计已经不能满足设计的要求,因此可以考虑利用进化计算方法的自动进化机制来进行硬件设计。

除了以上介绍的几个领域外,进化计算的应用还渗透到很多学科。如:生物学、医学、计算数学、制造系统、航空航天等。

5.5.1.4　国际会议

20 世纪 80 年代中后期是遗传算法与进化计算的蓬勃发展期。以进化计算、遗传算法为主题的会议在各国相继召开。1985 年,在美国卡耐基·梅隆大学召开了首届国际遗传算法会议 ICGA'97。与之相平行的会议:International Conference onEvolutionary Programming 和 International Conference on IEEE Evolutionary Computation 等也定期召开。每年的夏季,在美国 Stanford 大学都要召开有关遗传规划的国际会议:The Annual

---

① 马玉书.专家系统开发方法[M].北京:石油工业出版社,1992.

Conference of Genetic Programming。此外,1990 年在德国举行了题为:
"Parallel Problem Solvingfrom Nature:FPSN"的国际会议,此后每隔两年
举行一次,也成为具有代表性的国际会议。

由于进化计算的持续发展,国际性的杂志及论文中都出现了相关的文
章,同时还发行了关于进化计算的新杂志:"Evolutionary Computation"和
"IEEE Transactions on Evolutionary Computation"。许多国际性期刊也相
继出版了这方面的专刊。而国际互联网上也出现了许多相关的 mailing
list,Usenet 上还有这方面的专门新闻组:comp. ai. genetic,除此以外网上
的许多 www 和 ftp 网址内也都提供了大量的有关进化计算和遗传算法的
在线服务,包括论文、文摘等。附录中列举出了其中的部分网址。

5.5.2   进化计算的发展趋势

进化计算不仅有着独特的魅力,同时也有其不足之处。正因为如此,遗
传算法现阶段的研究又回到了理论基础的开拓与深化阶段,以及更通用、更
有效的操作技术与方法的研究之上。

目前,进化计算的研究重点应集中在以下几个方面:

(1)理论研究。由于遗传算法还没有形成完整的理论体系,目前的一些
理论成果也仅仅是在收敛性分析上。为了进一步推动计算研究的发展,就
需要更进一步的进行宏观理论的研究。

(2)与其他技术的融合。进化计算具有大范围群体搜索的性能,如果将
其与快速收敛的局部优化方法混合,那么就可以产生有效的全局优化方法。
这种方法从根本上提高了遗传算法的计算性能,但是要进一步的发展还需
要进行大量的理论分析与实验。

进化计算具有较强的鲁棒自适应性和扩展性,它和神经网络、模糊理
论、专家系统、混沌理论等智能计算方法相互渗透与结合,将共同构成 21 世
纪智能计算技术。

近年来,人们相继提出 DNA 计算、量子计算等新的计算方法,进化计
算与这些新计算技术的结合将会是一个发展趋势。

(3)算法的选择、改进与深化。由于实验的结论并不具有普遍的指导意
义,并且 No Free Lunch 定理的出现使遗传算法在计算机领域的地位受到
了冲击,因此积极开展这方面的理论研究将对"算法选择"提供有效的理论
指导。

此外,进化计算技术本身并不完善,在应用时仍然需要根据具体的应用
领域对算法进行改进和完善。当前针对具体应用问题深化研究进化计算是

特别值得提倡的工作。

（4）并行和分布式进化计算研究。对并行进化计算的诸多研究表明，通过多个种群的进化和适当地控制种群的相互作用，可以提高求解的速度和解的质量。因此近几年来，对并行和分布式进化计算的研究也越来越受到重视。进化计算并行性的研究重点应包括：设计各种并行执行策略、并行算法的稳定性分析及误差估计、其他的并行进化模型的研究、将学习性并行算法与计算复杂性联系起来对计算合理性的探讨等。

（5）进化硬件问题。进化硬件作为一个新的研究方向有其优越性，产业界对其寄予了很高的期望。但是进化计算的寻优速度因具体问题不同差异很大，目前迫切需要研究高速的进化算法实现手段。此外，进化硬件的理论分析也是一个重要方面，硬件问题如模式识别问题，凭借对系统外部的不完备测试，很难保证系统的可靠性。

（6）进化计算应用系统。

第6章 数据信息融合技术

多传感器信息融合(Multisensor Infomation Fusion,MIF)是在20世纪70年代初期提出来的,只是当时并没有引起人们较多的关注。近年来,随着科技的不断发展导致军事指挥人员或者工业控制环境面临数据繁杂、信息超载的现象,因此需要一个全新的技术对过多的信息进行消化、解释和评估,因此多传感器融合技术受到了极大的关注。

6.1 信息融合的定义、形成与发展

6.1.1 信息融合的定义

目前,要对信息融合做出精确的、准确的定义是比较困难的,这是由于目前我们研究的广泛性与多样性而带来的。

信息融合最早应用于军事领域,美国数据融合小组对数据融合下了一个定义:数据融合是一个处理探测、互联、相关、估计,以及组合多源信息和数据的多层次、多方面的过程,目的是获得准确的状态和身份估计,完整而及时的战场态势和威胁估计。而欧洲遥感实验室给出的定义是:数据融合是一个由方法和工具表示的框架,用于进行不同来源的数据的联合。

综合以上两种观点,"融合"是将来自多传感器或者多源的信息进行综合,从而得到比较准确、可信的结论。这一综合过程有各种名称,如相关(Correlation)、合成(Integration)、混合(Commixture)、合并(Merging)、协同(Synergy),当然也包括融合,目前已统称为信息融合或数据融合。

6.1.2 信息融合的形成与发展

多源信息融合技术萌芽于第二次世界大战中对飞机、轮船等的导航制导的研究,20世纪80年代多源信息融合才真正进入应用研究阶段。据记

载,多源信息融合概念最早是由 Tenney 和 Sandell 在 70 年代末期提出的。但是,当时并未引起人们足够的重视,随着工业、军事的不断发展,人们逐渐意识到信息融合的重要性。在战争中,信息融合显示了其强大的威力,尤其是在海湾战争中,多国部队的 C³I(Command,Control,Communication and Intelligence)系统的良好性能引起了全世界的普遍关注,由于信息融合系统有着众多的优点,因此很多国家将其列为军事高科技领域中的一项重要技术。美国国防部率先成立信息融合专家组,并将其进行系统性的研究,从而信息融合技术在军事领域取得了突破性的进展。由于信息融合技术早期主要在军事领域,所以其核心技术一直处于封闭状态。随着研究的深入和应用领域的扩大,有关这方面的技术才得到披露。

6.2　数据融合基本原理及功能结构

6.2.1　信息融合的基本原理

多传感器信息融合普遍存在于人类与生物系统中。人类能够将各种功能器官获得的信息与先验知识进行综合,从而对周围环境与事件做出正确的评估。这一处理的过程是极其复杂的,也是自适应的。

多传感器信息融合是对人脑处理问题的一种模拟。多传感器信息融合与传统的信号处理方法之间存在着本质的区别,其关键点在于信息融合能够处理更为复杂的问题以及更多层次的问题;信息融合信息处理是理论概念,同时也是一个系统概念。

6.2.2　信息融合的功能结构

近年来,人们提出了多种多样的信息融合模型,但其共同点都是在信息融合的过程中进行多级处理。如 Hall 和 Waltz 等人把信息融合分为高层次和低层次处理。现有的融合系统主要有两大类,分别是功能型模型和数据型模型。比较典型的功能型模型有 UK 情报环、Boyd 控制回路(OODA 环);典型的数据型模型有 JDL 模型。

(1)JDL 模型

为了军事研究者以及系统设计者之间的交流,建立于 1986 年的数据融合工作组的联合指导实验室(Joint Directors of Laboratories,JDL)开始致力于统一数据融合相关的术语,并制定了一个数据融合的处理模型和一部数据融合词典。JDL 模型是一个数据融合的功能型导向的模型,虽然当时是面向军事应用而研究的,但它对理解信息融合的基本概念有重要的影响,而且普遍适用于其他多种应用领域。

JDL 模型将融合过程分为四个阶段:信源处(Information Processing)、第一层处理(目标提取)、第二层处理(态势提取)、第三层提取(威胁提取)和第四层提取(过程提取)。模型中的每一个模块都可以有层次地进一步分割,并且可以采用不同的方法来实现它们。

JDL 数据融合处理模型的顶层结构如图 6-1 所示。JDL 数据融合处理模型是一个概念性的模型,它确定了数据融合的处理过程、功能、技术分类和相关技术。模型包括两个层次,其中顶层包括信源、人机交互界面、信源处理、第一层处理、第二层处理、第三层处理和第四层处理等模块。

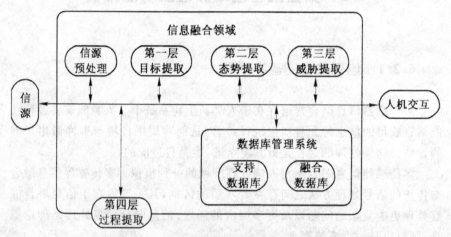

图 6-1　JDL 数据融合处理模型的顶层结构

(2)简单功能模型

最为简单的系统功能模型如图 6-2 所示,用来说明通用融合系统与这些功能之间的联系。由图可知,信息融合系统的主要功能有配准、相关、识别和估计。其中配准和相关是识别与估计的前提,而实际的融合则在识别和估计中进行。此模型的融合主要分为两步进行,第一步主要是低层处理,主要是像素层融合和特征层融合,输出的是状态、特征和属性等;第二步是高层处理(行为估计),对应的是决策层融合,输出的是抽象结果,如威胁、企图和目的等。

从图中可看出,相关、识别和估计处理功能贯穿于整个融合系统,构成了融合系统的基本功能。需要注意的是,运用这些功能的顺序对融合系统的影响较大。

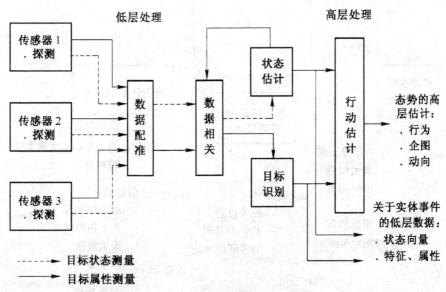

图 6-2　信息融合系统的功能模型

6.3　数据信息融合典型算法

从信息融合的功能模块出发,融合的基本功能是相关、估计和识别,重点是估计和识别。目标识别是信息融合技术中最常用的一个功能,也是目前发展比较成熟的技术。图 6-3 是识别算法的分类及术语。

6.3.1　物理模型类识别算法

物理模型通过模型或预存储目标和观测数据的匹配来估计目标的分类或辨识。常用的技术包括仿真(Simulation)、估计以及依照句法(Syntactic)的方法。其中估计方法有卡尔曼滤波、最大似然和最小均方估计等。

6.3.2　基于特征的推理技术

基于特征的推理技术通过把数据投影到一个已说明的实体来完成分类或辨识。基于特征的推理可分为两部分,分别是参数化方法与信息论方法。

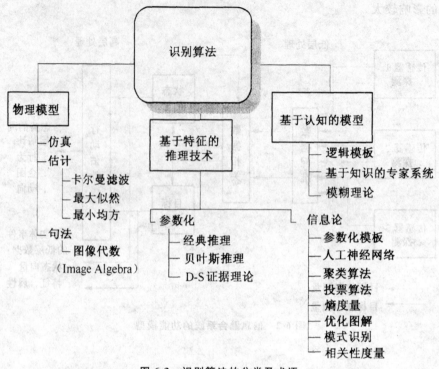

图 6-3　识别算法的分类及术语

（1）参数化方法

参数化方法包括经典推理、贝叶斯（Bayes）推理、D-S 证据理论等。

经典推理根据对于给定的假设，给出观测对于目标或事件出现的贡献的概率。

贝叶斯推理能够解决经典推理的部分难题。它可以通过一系列的估计和观测来更新假设的概率，并且还能够处理两个或者两个以上的假设。

（2）信息论方法

信息论方法有一个共同特点，即目标实体的相似性反映了观测参数的相似性，因而不需要建立变量随机方面的模型。

6.3.3　认知模型类识别算法

基于认知的模型是对人脑分析的自动决策过程的模拟，它包括逻辑模板、基于知识的系统和模糊集合理论，如图 6-4 所示。

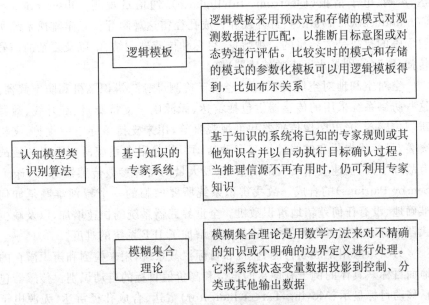

图 6-4 认知模型类识别算法的分类

6.4 信息融合技术的典型应用

信息融合的具体应用集中于军事领域和非军事领域,方便军事团体和非军事团体在应用领域进行技术交流。例如,由 IEEE 发起的第一届多传感器融合和混合的智能系统年会(The First International Conference on Multi-Sensor Fusion and Integration for Intelligent Systems)于 1994 年 10 月 2 日至 5 日在 Las Vegas,NV 举办。下面依次介绍信息融合在军事领域、人脸识别、语音处理与说话人识别,以及多生物特征认证中的应用。

6.4.1 军事中的应用

军事团体的研究集中于对运动实体(如发射器、控制平台、武器和军队)的定位,特征提取和目标识别。军事领域相关应用的例子包括海洋监视系统,空对空防御系统,战场智能、监视和目标拦截系统以及战略警告和防御系统。

海洋监视系统用于探测、跟踪和辨识海上目标和事件,典型的应用包括支持海军舰队战略的反潜艇竞争系统和自动导航系统。传感器组包括雷达、声呐、电子情报（Electronic Intelligence）、通信量观测（Observation of Communication Traffic）、红外线和合成孔径雷达观测等。海洋监视系统所要面临的挑战是大容量的监视数据、目标和传感器的结合，以及复杂的信号传播环境（特别是水下声呐传感器）等。

空对空和地对空防御系统已经用于检测、跟踪、辨识飞机和防空武器。这些防御系统采用的传感器组包括雷达、无源电子支持测量、红外线、敌我辨识传感器、光电图像传感器和可视观察等，用来支持争夺空中优势、飞机突袭、目标优先化和航线计划等多种活动。信息融合系统所要面对的挑战有敌方干扰、快速决策反应的需求，以及大量的目标参数传感器对（Target-Sensor Pairings）的合成。敌我辨识系统所要面临的一个特别难题是如何准确地、没有任何差错地辨识敌机。全世界武器系统的快速增加，以及缺少武器来源和使用者之间的关系，都大大增加了 IFF 系统的难度。

另一个应用是战场智能、监视和目标拦截系统，用来检测和辨识潜在的地面目标。具体的例子有地雷的定位和高价值目标的自动识别。传感器包括移动目标显示（Moving Target Indicator）雷达、合成孔径雷达、无源电子支持测量、照片侦察、地下声学传感器、远距离领航飞机、光电传感器和红外传感器等。主要的推断是战场态势评估和威胁评估及航线估计。

为了满足军事应用的要求，在信息融合系统中需要采用以下一些措施来提高信息融合处理的自动化水平。

（1）使用多种传感器与多个频道的发射与反射，进行截获、检测、识别和跟踪目标。

（2）利用战区战术数据链和全球战略数据网进行数据传输以及传感器间的相互交接。

（3）使用带有数据链的分布式传感器网络，提供具有改进检测和对抗性能的协调监视和定位能力。

（4）使用多个互补的无源传感器（如 ESM、IR 或 EO）发展无源的、低可观测性的武器系统，来替代或支持如雷达之类的单一、有源传感器系统。

信息融合军事应用的详细讨论可参阅 Proceedings of the Data Fusion Systems Conference，Proceedings of the National Symposium on Sensor Fusion 及相关的军方文件。

6.4.2 人脸识别中的应用

目前，对于汉字、人脸等的识别还没有实现较高的准确度，虽然针对这一问题提出了许多识别方法，但是每一种方法的优缺点与适用范围也各不相同。针对这一现象,人们提出了将不同的方法进行结合以发挥各自的优势,从而克服其缺陷,因此信息融合型的识别系统产生了,这也成为当前的模式识别的一个主要方向。

6.4.2.1 信息融合在人脸检测中的应用

(1)人脸检测识别方法中的特征融合

从不同的角度出发,人脸具有多样的特征。肤色特征,目前已知的人类的主要肤色有三种,即黑白黄;轮廓特征,人脸轮廓主要是指人脸的几何形状,如圆形,椭圆形等;启发式特征,启发式特征主要包括头发、眼睛、下巴等特定的部位;模板特征(均值、方差、距离等)、变换域特征(特征脸、小波特征等)、结构特征(对称性、投影特征等)、镶嵌图特征(基于马赛克规则等)和直方图特征(分布、距离等)。

其中对称性是一种结构特征,是任何物体都具备的性质,它主要包括点对称与轴对称,绝大多数的物体都具有这两种对称性。对人脸而言,眼睛、眉毛、嘴巴等具有很强的点对称性,同时还具有很强的轴对称性。利用这种变换特性的方法很多,如广义的对称变换。虽然这类方法实用性很强,但是其计算量很大,定位的准确性较差。

肤色也是人脸的显著特征,这一点在人脸跟踪、检测中得到了非常广泛的应用,相对而言,肤色和环境的色差一般较大,因此能够很快地进行检测。检查过程的首要任务就是建立人脸的肤色模型,检测过程可认为是将待检颜色向肤色模型投射的过程。虽然这种方法有很多的优点,然而它的缺陷也不容忽视,其中最重要的就是它不能将人脸与其他的部位进行有效地区分,最常见的就是脖子与人脸的区分。

对于比较直观的感觉,可以采用其他的特征来协助肤色进行判断,于是就产生了肤色结合对称性的检测方案的构想,对于这一构想,由于篇幅限制这里将不再赘述。

(2)人脸检测识别方法中的决策融合

为了设计高性能的单分类器模式识别系统,通常需要提取模式的最优特征,然后设计最优的分类器,然而要实现以上的两个最优是非常困难的。

(3)基于投票法的决策融合应用实例

设有 N 类模式 $X_n (n = 1, 2, \cdots, N)$,对于一个未知模式 x,使用 M 个分类器,每个分类器的对应识别输出为 $R_m (m = 1, 2, \cdots, M)$。未知模式 x 能且只能被识别为 N 类模式中的某一类,N 类模式出现的先验概率 $P(X_n)(n = 1, 2, \cdots, N)$ 设为相等。根据贝叶斯理论未知模式将被识别为后验概率最大的第 n 类模式 X_n,即:

$$n = \arg(\max_{i=1,2,\cdots,N} P(X_i \mid R_1, R_2, \cdots, R_M)) \tag{6-4-1}$$

其中的后验概率为：

$$P(X_i \mid R_1, R_2, \cdots, R_M)$$
$$= P(R_1, R_2, \cdots, R_M \mid X_i) P(X_i) / P(R_1, R_2, \cdots, R_M)$$
$$= P(R_1, R_2, \cdots, R_M \mid X_i) P(X_i) \Big/ \Big[\sum_{j=1}^{N} P(R_1, R_2, \cdots, R_M \mid X_j) P(X_j) \Big]$$
$$= P(R_1, R_2, \cdots, R_M \mid X_i) P(X_i) \Big/ \sum_{j=1}^{N} P(R_1, R_2, \cdots, R_M \mid X_j) \tag{6-4-2}$$

假设分类器识别输出相互独立，上式可以写为：

$$P(X_i \mid R_1, R_2, \cdots, R_M) = \prod_{j=1}^{M} P(R_j \mid X_i) / \sum_{j=1}^{N} \prod_{j=1}^{M} P(R_k \mid X_j)$$
$$= \prod_{j=1}^{M} P(X_i \mid R_i) / \sum_{j=1}^{N} \prod_{k=1}^{M} P(X_k \mid R_j)$$

$$\tag{6-4-3}$$

将式(6-4-3)代入式(6-4-1)得：

$$n = \arg\Big(\max_{i=1,2,\cdots,N} \prod_{j=1}^{M} P(X_i \mid R_j)\Big) \tag{6-4-4}$$

将后验概率 $P(X_i \mid R_j)$ 二值化，并注意到 $\prod_{j=1}^{M} P(X_i \mid R_j) \leqslant \max_{i=1,2,\cdots,N} P(X_i \mid R_j)$，则多分类器融合的投票方法为：

$$\text{vote}_{ij} \begin{cases} 1 & k = \arg\Big(\max_{i=1,2,\cdots,N} \prod_{j=1}^{M} P(X_i \mid R_j)\Big) \\ 0 & \text{otherwise} \end{cases} \tag{6-4-5}$$

$$n = \arg\Big(\max_{i=1,2,\cdots,N} \prod_{j=1}^{M} \text{vote}_{ij}\Big) \tag{6-4-6}$$

6.4.2.2 信息融合在人脸识别中的应用

（1）基于特征融合的人脸识别

事实上，对同一模式所提取的不同特征向量总是能反映模式的不同特性，对它们的有效融合，既可保留参与融合的多特征的有用信息，又可在一定程度上消除由于主客观因素带来的冗余信息，显然对分类识别具有重要的意义。每一种特征融合方法实质上是实现各个提取到的特征向量的关联、融合。下面是一个基于特征融合人脸识别的实例。

传统的串行特征融合的缺点是急剧地增加了组合特征的维数，增大了计算量，针对这一缺点，很多学者提出并行特征融合技术，其一般框架为：设 A, B 为特征样本空间 Ω 上的两组特征，任意样本 $\xi \in \Omega$，相应的两个特征向

量为 $\boldsymbol{\alpha} \in \boldsymbol{A}$ 和 $\boldsymbol{\beta} \in \boldsymbol{B}$。用负向量 $\boldsymbol{\gamma} = \boldsymbol{\alpha} + \mathrm{i}\boldsymbol{\beta}$（i 为虚数单位）来表示 ξ 的并行组合特征。如果两组特征 $\boldsymbol{\alpha}$ 和 $\boldsymbol{\beta}$ 的维数不等，则低维的特征向量用 0 补足。例如，$\boldsymbol{\alpha} = [a_1, a_2, a_3]^{\mathrm{T}}, \boldsymbol{\beta} = [b_1, b_2]^{\mathrm{T}}$，则组合特征为 $\boldsymbol{\gamma} = [a_1 + ib_1, a_2 + ib_2, a_3 + i0]^{\mathrm{T}}$。样本空间 Ω 上的组合特征空间定义为 $C = \{\boldsymbol{\alpha} + i\boldsymbol{\beta} \mid \boldsymbol{\alpha} \in A, \boldsymbol{\beta} \in B\}$，显然，该空间为 n 维复向量空间，其中，$n = \max\{\dim A, \dim B\}$，同一样本的两特征 $\boldsymbol{\alpha}, \boldsymbol{\beta}$ 组合可以有两种不同的方式：$\boldsymbol{\alpha} + i\boldsymbol{\beta}$ 或者 $\boldsymbol{\beta} + i\boldsymbol{\alpha}$，这就涉及酉空间内的并行特征组合的对称性问题。

这里介绍一种用于人脸识别的非线性鉴别特征融合方法。首先通过小波变换与奇异值分解获得同一样本的两类特征。然后使用复向量将这两类特征有机的组合在一起，由此构成了一个复特征的向量空间，最后在该空间中利用改进的核 Fisher 鉴别分析进行最优非线性鉴别特征的抽取。

设 A, B 为经小波变换和奇异值分解后得到的两类低维特征向量，任意一个原始训量模式样本 X，它对应的两个特征向量分别为 $\boldsymbol{\alpha} \in A$ 和 $\boldsymbol{\beta} \in B$，用复向量 $\boldsymbol{\gamma} = \boldsymbol{\alpha} + i\theta\boldsymbol{\beta}$ 来表示 X 的融合特征，其中 θ 为权重系数。注意，如果两组特征 $\boldsymbol{\alpha}$ 和 $\boldsymbol{\beta}$ 的维数不等，则低维的特征向量用 0 补足。

由于特征抽取方法与量纲选择的不同，导致了参与融合的同一模式样本的两类特征 $\boldsymbol{\alpha}$ 与 $\boldsymbol{\beta}$ 之间在数量关系上可能存在较大差别，如 $\boldsymbol{\alpha} = (20, 10, 15), \boldsymbol{\beta} = (0.2, 0.3, 0.5)$。若直接以 $\boldsymbol{\gamma} = \boldsymbol{\alpha} + i\boldsymbol{\beta}$ 的方式进行组合，两类特征融合后的比重明显失调。为了消除参与融合的两类特征在数值上的非均衡性造成的不利影响，有必要对 $\boldsymbol{\alpha}$ 与 $\boldsymbol{\beta}$ 分别进行一定的标准化处理，一种有效的方法是：

①令 $\boldsymbol{\alpha}' = \boldsymbol{\alpha}/\|\boldsymbol{\alpha}\|, \boldsymbol{\beta}' = \boldsymbol{\beta}/\|\boldsymbol{\beta}\|$，将 $\boldsymbol{\alpha}$ 与 $\boldsymbol{\beta}$ 化为单位向量：

②设 $\boldsymbol{\alpha}$ 与 $\boldsymbol{\beta}$ 的维数分别为 n 和 m，若，$n = m$，则取组合系数 $\theta = 1$；否则，若 $n > m$，则取组合系数 $\theta = n^2/m^2$，融合形式为 $\boldsymbol{\gamma} = \boldsymbol{\alpha} + i\theta\boldsymbol{\beta}$。

融合后的样本空间定义为 $C = \{\boldsymbol{\alpha} + i\boldsymbol{\beta} \mid \boldsymbol{\alpha} \in A, \boldsymbol{\beta} \in B\}$，明显地，该空间为 n 维复向量空间，其中，$n = \max\{\dim A, \dim B\}$。之后选择相应的特征抽取方法与分类方法对融合后的特征进行特征提取及随后的分类识别。

（2）基于决策融合的人脸识别

目前的研究已表明，红外人脸识别技术是一种非常理想的生物鉴定技术。红外图像是根据物体散发的温度不同而呈现出的图像，因此它也叫温谱图，它并不会受到光照的影响，甚至在黑暗以及大雾中都有很好的性能，都能很好地分辨出伪装物、整形等。因此，在可见光无法进行识别的场合，它也能很好地进行工作。当然，红外成像也有其缺点，比如容易受到眼镜以及周围环境温度的干扰。因此，对红外和可见光人脸进行融合识别，可以充分借助两类传感器的优点，从而实现精确的识别。

这里列出一种应用 D-S 证据理论的决策融合识别方法,首先采用主成分分析(PCA)分别对两类图像提取主分量;然后计算测试样本与各类之间的欧氏距离,通过构造的函数实现欧氏距离到客观证据的转换;最后再用 D-S 证据理论对客观证据进行融合做出最优决策。假设在融合识别前,红外和可见光图像已经过严格配准。融合识别算法流程如下。

Step 1:提取人脸特征。

采用 PCA 算法将测试样本 Γ 在特征空间进行投影,提取测试样本的低维主分量:

$$\boldsymbol{\Omega}^{\mathrm{T}} = \langle \omega_1, \omega_2, \cdots, \omega_M \rangle$$

在提取的每个主分量中的每个特征元素具有不同的物理意义,它们之间可能存在较大的偏差,因此必须通过特征归一化来减小或者消除这种偏差,使特征向量内部各分量在相似度量时具有相同的地位,即:

$$v = \boldsymbol{\Omega} / \sqrt{\boldsymbol{\Omega}^{\mathrm{T}} \cdot \boldsymbol{\Omega}}$$

Step 2:获取子决策。

为进行决策融合,需要得到各种传感器所提供的客观数据。因此,需要计算测试样本到各类的欧氏(Euclid)距离作为它们之间的相似性度量:

$$D_i = \| v^{\mathrm{T}} - v_i^{\mathrm{T}} \|, i = 1, 2, \cdots, N$$

其中,v^{T} 为测试样本的主分量,v_i^{T} 表示类 i 的主分量,可通过求该类训练样本的主分量平均值得到;N 为类别数。

然后,构造一个转换函数 $f(D_i)$ 实现从欧氏距离 D_i 到概率 $p(C_i \mid \Gamma)$ 的转换:

$$p(C_i \mid \Gamma) = f(D_i), i = 1, 2, \cdots, N$$

C_i 表示第 i 类,D_i 为测试样本主分量到第 i 类样本主分量的欧氏距离,$p(C_i \mid \Gamma)$ 表示测试样本 Γ 属于第 i 类的概率,且 $0 \leqslant p(C_i \mid \Gamma) \leqslant 1$。

根据实验分析,转换函数 $f(D_i)$ 满足 0 均值的正态分布,即 $f(D_i) \sim N(0, \sigma^2)$,$\sigma$ 可按实验数据求取。此方案中,选取 $\sigma_1 = 0.6, \sigma_2 = 0.7$,分别构造了红外和可见光传感器的转换函数 $f(D_i)$。

Step 3:决策融合。

将概率分布 $p(c_i \mid \Gamma)$ 作为决策级融合的客观证据。在运用 D-S 证据理论时,首先定义识别框架 Θ 为包含训练库中所有样本类别的集合,并设置红外和可见光传感器的置信度 $g_1 = 0.7, g_2 = 0.6$,分别来源于对单传感器的实验数据统计分析,$p(c_i \mid \Gamma)$ 为基本概率分配函数值,然后根据证据理论的组合规则对基本概率分配函数进行组合,得到组合后的基本概率赋值 $m(P_i)$。

使用 D-S 证据理论组合证据之后,如何进行决策这是与应用有着密切关系的问题。常用的决策方法有三种,分别是基于信任函数的决策、基于基本概率赋值的决策和基于最小风险的决策,具体要选用哪种决策,需要根据实际的情况来确定。在该方案中,经过综合考虑后,最后确定采用基本概率赋值的决策。

设 $m(P_i)$ 为基于 D-S 证据理论组合规则得到的组合后的基本概率赋值,$\exists P_1, P_2 \subset \Theta$ 满足:

$$m(P_1) = \max\{m(P_i), P_i \subset \Theta\}$$

$$m(P_2) = \max\{m(P_i), P_i \subset \Theta, P_i \neq P_1\}$$

若满足:

$$\begin{cases} m(P_1) - m(P_2) > \varepsilon_1 \\ m(\Theta) < \varepsilon_2 \\ m(P_1) > m(\Theta) \end{cases}$$

则 P_1 即为判决结果,其中 $\varepsilon_1, \varepsilon_2$ 为预先设定的阈值,根据经验分别选择 $\varepsilon_1 = 0.1, \varepsilon_1 = 0.3$。

6.4.3 语音处理与说话人识别中的应用

识别率和对环境的适应能力是语言识别系统的两个重要性能,虽然人们提出了许多提高语音识别的方法,但是其效果并不理想。在此情况下很多学者提出了基于信息融合技术的语音处理与说话人识别方案。

6.4.3.1 基于信息融合的多话筒汉语语音音节识别方法

该方法通过多个话筒分别采集声音数据,对每一个话筒分别建立声音模型,分别进行识别,然后用信息融合技术对各个模型的识别结果进行处理,以达到提高最终识别率和对环境适应能力的目的。与单一话筒相比较,此方法有诸多优点,它不仅能够克服了因说话方向、轻重不同等因素造成的识别率下降的问题,而且还降低了对各个模块的识别率的要求,减轻了声音模型的训练困难。

(1)多话筒语音识别的原理

多话筒语音识别的原理如图 6-5 所示。

(2)声音模型

声音模型采用一种改进的递归神经网络——时间标签递归神经网络(TTRNN)来对汉语音节进行分类。时间标签递归神经网络结构如图 6-6 所示,这是一个一阶时延的 TTRNN。其中,Time-Tag 单元为时间标签发生器,为每一帧输入 $u(t)$ 产生一个时间标签。语音的每一帧 $u(t)$ 及前一帧所产生的反馈输出 $x(t)$ 被输入 TTRNN,得出在时刻 t 输入 $u(t)$ 在反馈输入为 $x(t)$ 时属于某个分类的概率 $P_k(u(t))$,以及时延反馈输出 $x(t+1)$。则整个时序模式 u 属于某个分类的概率为:

$$P_k(u) = p_k(u(1)) \times p_k(u(2)) \times \cdots \times p_k(u(n)) = \prod_t p_k(u(t))$$

(6-4-7)

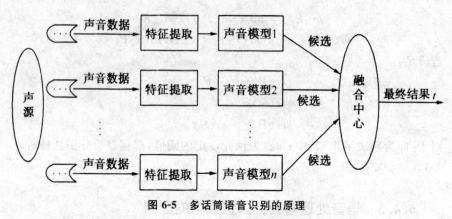

图 6-5　多话筒语音识别的原理

图 6-6 中在输出节点上的圆圈表示计算式(6-4-7)的过程。

用 TTRNN 对汉语音节进行分类,就是要求一个汉语音节属于各个分类的概率,根据概率的不同,可以确定该汉语音节属于哪一类。由式(6-4-7)知,若要求 $P_k(u)$,只需求出 $P_k(u(t))$ 即可,而这可以由 TTRNN 来得到。

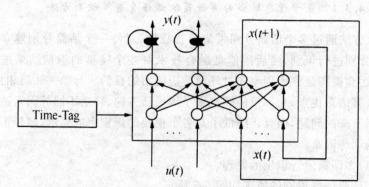

图 6-6　时间标签递归神经网络结构

(3)融合算法

前端的声音模块对输入进行初步识别,得到初步的识别结果 $d_i(i = 1, 2, \cdots, N)$,组成候选集 D,被送到融合中心进行最后的判决,得到最终识别结果 t。我们用 $H_j(j = 1, 2, \cdots, m)$,表示 m 个类,其中 $H_j(j = 1, 2, \cdots,$

$m-1$) 表示有信号假设类,而第 m 个类 H_m 表示无信号假设类。

设各个声音模块是统计独立的,融合中心在候选集 D 的基础上根据一定的融合算法得到整个系统的最终识别结果,即:

$$t = f(d_1, d_2, \cdots, d_N) \tag{6-4-8}$$

设

$$L_j(D) = \log_2 \frac{P(H_j \mid D)}{P(H_m \mid D)} = \log_2 \frac{P(H_j \mid d_1, d_2, \cdots, d_N)}{P(H_m \mid d_1, d_2, \cdots, d_N)} \tag{6-4-9}$$

为 H_j 的概率似然比,其中 $j = 1, 2, \cdots, m-1$,根据最大似然比判决准则,融合中心的判决规则是:

$$t = \begin{cases} m & \text{if } L_j(D) < 0 \quad \forall j, j \neq m \\ \arg \max\limits_{j=1,\cdots,m-1} L_j((D)) & \text{otherwise} \end{cases} \tag{6-4-10}$$

由式(6-4-10)可知,要想用该判决规则进行数据融合,只要求出 $L_j(D)$ 即可。下面讨论怎样求出 $L_j(D)$。设

$$S_1 = \{i \mid d_i = j, \forall i = 1, \cdots, N\}$$
$$S_2 = \{i \mid d_i = m, \forall i = 1, \cdots, N\}$$
$$S_3 = \{i \mid d_i = l, \forall i = 1, \cdots, N, l \neq j \neq m\} \tag{6-4-11}$$

则有:

$$P(H_j \mid D) = \frac{P(H_j \mid D)}{P(D)} = \frac{P(H_j)}{P(D)} \cdot \prod_{i=1}^{N} P(d_i \mid H_j)$$

$$= \frac{P(H_j)}{P(D)} \cdot \prod_{S_1}^{N} P(d_i = j \mid H_j) \cdot$$

$$\prod_{S_2}^{N} P(d_i = m \mid H_j) \cdot \prod_{S_3}^{N} P(d_i = l \mid H_j)$$

$$= \frac{P(H_j)}{P(D)} \prod_{S_1} P_{D_{jj}}^i \cdot \prod_{S_2} \cdot P_{M_{jm}}^i \prod_{S_3} \cdot P_{E_{jl}}^i \tag{6-4-12}$$

其中,$P_{D_{jj}}^i = P(d_i = j \mid H_j)$ 为前端声音模块 i 正确做出 j 类判决的概率;$P_{M_{jm}}^i = P(d_i = m \mid H_j)$ 为前端声音模块 i 将 j 判决为无信号 m 类的概率;$P_{E_{jl}}^i = P(d_i = l \mid H_j)$ 为前端声音模块 i 将 j 判决为 l 类的概率。

同理有:

$$P(H_m \mid D) = \frac{P(H_m)}{P(D)} \cdot \prod_{S_1}^{N} P(d_i = j \mid H_m) \cdot$$

$$\prod_{S_2}^{N} P(d_i = m \mid H_m) \cdot \prod_{S_3}^{N} P(d_i = l \mid H_m)$$

$$= \frac{P(H_m)}{P(D)} \prod_{S_1} P_{F_{mj}}^i \cdot \prod_{S_2} \cdot P_{D_{mm}}^i \prod_{S_3} \cdot P_{E_{ml}}^i \tag{6-4-13}$$

其中，$P^i_{F_{mj}} = P(d_i = j \mid H_m)$ 为前端声音模块 i 将无信号 m 判决为 j 类的概率，$j \in S_1$；$P^i_{D_{mm}} = P(d_i = m \mid H_m)$ 为前端声音模块 i 正确判决为无信号 m 的概率；$P^i_{E_{ml}} = P(d_i = l \mid H_m)$ 为前端声音模块 i 将无信号 m 错判决为 l 类的概率，$l \in S_3$。

由式(6-4-9)，式(6-4-12)，式(6-4-13)有：

$$L_j(D) = \log_2 \frac{P(H_j)}{P(H_m)} \sum_{s_1} \log_2 \frac{P^i_{Djj}}{P^i_{Fmj}} + \sum_{s_2} \log_2 \frac{P^i_{Mjm}}{P^i_{Dmm}} + \sum_{s_3} \log_2 \frac{P^i_{Eji}}{P^i_{Mml}}$$

$$(6\text{-}4\text{-}14)$$

其中，$P^i_{D_{jj}}$，$P^i_{M_{jm}}$，$P^i_{E_{jl}}$，$P^i_{F_{mj}}$，$P^i_{D_{mm}}$，$P^i_{E_{ml}}$ 都可以通过统计得到。

6.4.3.2 马尔可夫模型(CHMM)在多种参数信息融合中的应用

提高语音识别系统的鲁棒性是语音识别技术走向实用的关键问题，因而如何提高系统的鲁棒性正成为语音识别的研究热点。语音识别系统的鲁棒性主要包括对环境的鲁棒性和对说话人的鲁棒性两个方面。目前，鲁棒性语音识别通常是将多种特征参数结合起来使用，例如，将 MFCC 特征参数和它的差分型特征参数(△MFCC)构成一个大的特征矢量。模型一般都使用各种类型的 HMM 模型，因为 HMM 模型能较好地刻画语音信号中的时序信息。但是 HMM 也有它的不足之处，例如，它认为各帧矢量之间是独立同分布的，这就与实际情况不符。另外，在描述 HMM 模型的参数 $\lambda = (\pi, A, B)$ 中，A 矩阵是各状态之间的转移概率矩阵，它在 HMM 模型中被看成静态的，但我们认为随着模型在一个状态上停留时间的增加，模型应该更倾向于向后面的状态跳转而不是继续停留在这个状态上。因此，A 矩阵应该随着计算帧数的增加而不断被修正，即它应该是动态的。下面给出一个利用改进后的 CHMM 模型对不同的特征参数携带的信息进行信息融合的实例。

(1)MFCC 和△MFCC 的抗噪性比较

MFCC 参数是目前应用最为广泛的特征参数。其特点是，在高信噪比的条件下，MFCC 特征参数具有很好的识别率，但在信噪比低的时候，识别性能很差。而 △MFCC 参数则在低信噪比时，能有较好的识别率，但在高信噪比时识别率不如 MFCC。目前鲁棒性说话人识别中，一般是将 MFCC 和 △MFCC 两种参数构成一个大的特征参数。但是在同一文本条件下，将这两种参数赋予不同的比例后，其性能是不同的。而在不同文本的条件下，系统达到最佳性能的比例也是不同的。

(2)利用改进的 CHMM 进行信息融合

为了充分发挥 MFCC 和 △MFCC 的特点，一种可行的方案是利用改进的马尔可夫模型来综合这两种参数的信息。其主要思想是：由于 MFCC 在低噪声环境下性能更好，因此让它在低噪声的环境下，发挥的作用大一些，而在强噪声环境下，MFCC 受的干扰大，让它作用的比重降低。对于 ΔMFCC 则相反。

我们知道，在以 MFCC 为特征参数的 CHMM 模型中，每个状态都用一个混合的高斯密度函数来描述该状态输出的观察矢量的分布。由于 ΔMFCC 是通过 MFCC 进行差分得到的，可以认为 ΔMFCC 特征参数对应着状态之间的转移。因此，对 CHMM 模型进行了修改，将状态转移弧也看成一种随机过程，用相应的概率密度函数来和 ΔMFCC 特征参数联系。也就是说，用 ΔMFCC 来给出发生某个状态转移的置信度。这样当 MFCC 参数受到噪声干扰而偏离无噪声情况下训练得到的均值较大时，由于超出了状态概率密度函数的有效区域（球域），状态的概率密度函数只给出一个默认值，这时抗噪性好的 ΔMFCC 将起主导作用，由它来确定当前的状态转移路径。这样，整个模型就能在强噪声环境下获得接近或超过 ΔMFCC 在相同环境下的识别性能，而在低噪环境下则由这两种参数共同确定模型的状态转移路径。这样在高信噪比时，MFCC 参数由于能和状态概率密度函数较好地吻合而起主导作用。

改进的 CHMM 模型如图 6-7 所示，每个圆圈代表 CHMM 中的一个状态，每个带箭头的线段表示状态的转移。每个状态的观察矢量为 MFCC 参数，每条转移弧的观察矢量为 ΔMFCC 参数。

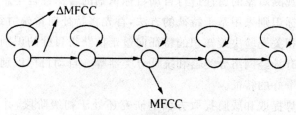

图 6-7　改进的 CHMM 模型

6.5　信息融合的研究现状与发展趋势

6.5.1　研究现状

国外对信息融合的研究比较早，自 1973 年开始就得到了迅速的发展。

特别是在 1985 年以后,共有 10 余部专著问世。其中美国是信息技术起步较早、发展最快的国家。1984 年美国成立了专门的信息融合研究小组。1988 年,美国国防部将信息融合技术列为最重要的技术之一,且列为最优先发展的 A 类。1998 年成立的国际信息融合学会(International Society of Information Fusion,ISIF)总部设在美国,每年都会举行一次学术研讨大会。

我国在这方面的研究则比较晚。在 20 世纪 80 年代初期,人们才开始进行多目标跟踪技术的研究,直至 20 世纪 80 年代后期才有学者发表有关多传感器信息融合的文章。20 世纪 90 年代初期,在政府的引领下,国内的一些高校以及研究所对这一技术进行了广泛的研究,出现了一大批理论研究成果。虽然我们取得了不错的成果,但是还有许多问题需要及时解决,如没有建立相应的学术团队,没有学术交流机会与专刊,同时还需加强信息融合的基础教育。

由于信息融合在早期主要发展军事领域计算能力的增强方面,因此这项技术在很长一段时间内是处于封闭状态的。随着研究与应用的不断扩大,有关这方面的文献也逐渐被公开披露。

虽然对信息融合的理论与应用的研究正在全面地开展,但是在世界范围内还没有形成一套十分完整的理论框架与融合算法,大部分的研究仍然是针对于某一特定的领域展开的。作为一门交叉性强、综合性大的理论与方法,信息融合仍然有诸多不成熟的地方,还有许多问题急需解决。

如何从观测对象的属性进行自动目标识别的鲁棒性也是急需解决的问题之一。目标识别采用基于特征的方法,首先将特征向量映射到特征空间,然后再根据相关先验决策知识的特征向量定位获得目标的识别。常用的模式识别技术有神经网络分类器和统计分类器等。自动目标识别成功与否取决于选择一个好的特征。

对于态势提取和威胁提取方面的研究还处于初级阶段,并且也没有比较稳健的操作系统。这一领域急需建立一个综合性的可行知识库。

利用有限的资源以实现合并或者建立模型从而实现最优化的性能在目前而言是非常困难的。在这方面的发展也不成熟。对于多传感器的情形,由于外部因素的限制使这一层的处理显得更加困难。许多实用理论(utility theory)的方法可以用于对系统的性能或效果进行测试。

信息融合缺少对算法的严格测试或评价,以及如何实现在理论与应用之间进行转换。虽然,国外的一些学者提出建立性能和效能度量的指标体系,但是对于完成整个系统的评估还是不够的。因此还需要建立实用的评估体系,但是这些依然十分依赖具体问题的要求以及现代数学的发展。

6.5.2　发展趋势

信息融合是一门综合性的学科,它是许多传统学科与新兴工程领域的相互结合与应用,因此它涉及的知识非常广泛,经过三十多年的发展,它已经取得了非常显著的成就。随着信息智能化的发展,信息融合技术正朝着智能化、集成化的方向发展。然而目前它在各领域的发展很不平衡,因此还需要更进一步的研究与探索。目前信息技术的研究与发展的研究的重点与发展的趋势可归结如下:

(1)建立健全信息融合的基础理论,规范信息融合的相关术语。

(2)兼有鲁棒性与准确性的融合算法研究。

(3)大系统中的信息融合技术,如算法分类和层次划分问题等。

(4)发展并完善 JDL 模型,以解决现有 JDL 模型所不能处理的非军事应用问题。

(5)建立数据融合系统的数据库与知识库,并研究高速并行推理机制,是信息融合未来研究的重点之一。

(6)建立系统设计的工程指导方针,并研究信息融合系统的工程实现。

(7)建立合理的信息融合系统的设计与评估方法。在对融合系统的性能进行系统评价时,不仅要对他们的功能和性能进行测试,还要对进行测试所花费的时间、成本、难易程度以及现实相互联系起来,所以必须建立合理的评价指标。

(8)应用领域的扩展。据统计表明,信息融合已经成为了信息处理的通用工具与思维模式,它的发展成果已经遍及很多领域。

(9)交叉学科是未来发展的热点。信息融合作为一门交叉性、综合性的系统科学,其他学科的技术都可以借鉴到信息融合的研究领域。

第7章　其他智能信息处理技术的应用

智能信息处理技术作为一种现代技术，是将计算机、通信等多项技术有机融合以后的产物，实现对数据信息的采集、整理等目标，在网络技术迅速发展的今天，智能信息技术为智能信息处理工作奠定了坚实的基础，并在一定程度上推动了相关领域的发展。本章从云信息处理、DNA算法、量子智能信息处理方面阐述信息处理的应用。

7.1　云信息处理

7.1.1　隶属云

为了处理广泛存在的模糊现象，1965 年 L. A. Zadeh 提出了模糊集合概念。

设 X 是一个普通集合，$X=\{x\}$ 称作论域。关于论域 X 上的模糊子集 $\widetilde{A}$，是指对于任意元素 $x \in X$，都指定一个数 $\mu_{\widetilde{A}}(x)$，$\mu_{\widetilde{A}}(x) \in [0,1]$ 叫作元素 x 对 $\widetilde{A}$ 的隶属度。映射：

$$\mu_{\widetilde{A}}(x):X \rightarrow [0,1]$$
$$\forall x \in X, x \rightarrow \mu_{\widetilde{A}}(x)$$

叫作 A 的隶属函数。

模糊集合理论自创立以来，基本理论发展很快，应用也日益广泛。

设 X 是一个普通集合，$X=\{x\}$ 称为论域。如果论域中的元素是简单有序的，而根据某个法则 f，可将 X 映射到另一个有序的论域 X' 上，X' 中的一个且只有一个 x' 和 x 对应，则 X' 为基础变量，隶属度在 X' 上的分布叫作隶属云。

隶属云隐含了 3 次正态分布规律，记作 $N^3(x_0, b^2, \sigma_{max}^2)$，其中，$x_0$、$b$、$\sigma_{max}$ 分别为隶属云的期望值（反映了相应的模糊概念的信息中心值）、隶属云的带宽（反映了模糊概念的亦此亦彼性的裕度）、隶属云的方差（反映了隶属云的离散程度），它们用来表征隶属云的 3 个数字特征值，如图 7-1

所示(为表述简单起见,凡涉及隶属云对称方面的情况时,总是以右半朵云为例)。

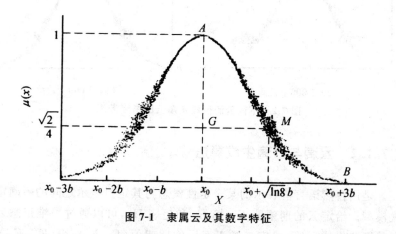

图7-1　隶属云及其数字特征

隶属云发生器(Membership Clouds Generator,MCG)生成的成千上万的云滴构成整个隶属云。专家们依据 MCG 的数学模型,用软件方法编制了实现 MCG 的算法程序。实现 MCG 的关键技术之一在于正态随机数产生的质量,而在具体实现时采用了中心极限定理的放法,并对均匀随机数用单独子程序来产生,避免在大数量均匀随机数的运用中出现循环和不均匀的现象。

表7-1 是用上述软件方法产生的 18 个满足 $N^3(x_0,b^2,\sigma_{max}^2)$(其中,$x_0=2.0,b=1.0,\sigma_{max}=0.04$)分布的云滴。图 7-2 给出用隶属云发生器产生的满足该分布的 100 个、500 个、1 000 个和 5 000 个云滴形成的云图。

表7-1　18 个满足 $N^3(x_0,b^2,\sigma_{max}^2)$

x	2.389	2.630	2.434	0.138	1.867	1.106	2.779	2.829	1.296	1.893	2.085	0.669	2.852	1.823	0.840	0.804	2.335	1.355
μ	0.926	0.816	0.911	0.158	0.991	0.646	0.732	0.740	0.772	0.994	0.997	0.476	0.696	0.984	0.552	0.505	0.944	0.824

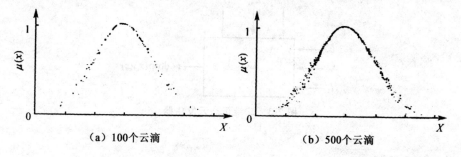

　　　　　(a) 100个云滴　　　　　　　　　　　　　**(b) 500个云滴**

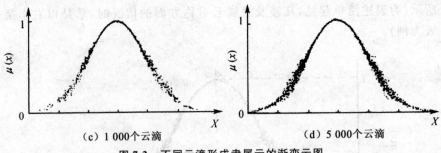

（c）1 000个云滴　　　　　　　　（d）5 000个云滴

图 7-2　不同云滴形成隶属云的渐变云图

7.1.2　云滴与云滴生成算法

云是用自然语言值表示的某个定性概念与其定量表示之间的不确定性转换模型。给定云的期望值 E_x、熵 E_n 和超熵 H_e，可以通过一维正态云发生器的算法生成云滴。给定二维正态云的期望值 (E_x, E_y)、熵 (E_{nx}, E_{ny}) 和超熵 (H_{ex}, H_{ey})，可以通过以下二维正态云发生器的算法生成云滴：

（1）产生一个期望值 $(E_{nx}、E_{ny})$、标准差 (H_{ex}, H_{ey}) 的二维正态随机熵 (E'_{nx}, E'_{ny})。

（2）产生一个期望值 (E_x, E_y)、标准差 $(E'_{nx}、E'_{ny})$ 的二维正态随机数 (x, y)。

（3）计算：

$$z = \exp\left\{-\left|\frac{(x - E_x)^2}{2E'^2_{nx}} + \frac{(y - E_y)^2}{2E'^2_{ny}}\right|\right\}$$

（4）令 (x, y, z) 为一个云滴，它是该云表示的语言值在数量上的一次具体实现，其中 (x, y) 为定性概念在数域中这一次对应的点的位置，z 为 (x, y) 属于这个语言值的程度的度量。

（5）重复步骤（1）～步骤（4），直到产生满足要求数目的云滴数。

这样的二维云发生器称为正态云发生器，如图 7-3 所示。

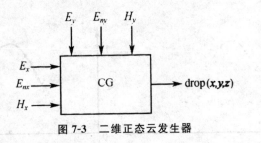

图 7-3　二维正态云发生器

根据正态云发生器算法中的步骤(2),由统计学知识可知,99.74％的云滴都将落在($E_x - 3E_n$,$E_x + 3E_n$)范围内;根据算法中的步骤(1)和步骤(3),每一次的随机熵 E'_{nx} 不同,导致云滴的离散性,包含云边缘的不分明和云厚度的不均匀;根据算法中步骤(3),任何时候都会有 $0 \leqslant z \leqslant 1$,可以认为函数:

$$z = \exp\left[-\left|\frac{(x-E_x)^2}{2E_{nx}^2} + \frac{(y-E_y)^2}{2E_{ny}^2}\right|\right]$$

是云的数学期望曲线。如果已经知道若干云滴,可以计算出它们所代表的正态云的期望值 E_x、熵 E_n、超熵 H_e,称为反向云发生器;也可以构造条件的正态云发生器;还可以利用类似方法构造其他分布的云发生器,如泊松云、Γ 云等。

7.1.3　云计算

一条多条件定性规则可形式化表示为:

$$\text{If } A_1, A_2, \cdots, A_n, \text{then } B$$

由于规则前件由多个定性概念值组成,因此一种直接的方法是采用多维云发生器来构造规则的前件。

在实际应用中,更多出现的是多规则推理。一组单条件多规则可形式化表示为:

$$\text{If } A_i, \text{then } B_i \quad i=1,2,\cdots,m$$

相应地,多条件多规则可形式化表示为:

$$\text{If } A_{11}, A_{12}, \cdots, A_{1n}, \text{then } B_1$$
$$\text{If } A_{21}, A_{22}, \cdots, A_{2n}, \text{then } B_2$$
$$\text{If } A_{m1}, A_{m2}, \cdots, A_{mm}, \text{then } B_m$$

(1)n 元计算定义。F 为一个计算,$x_1, x_2, \cdots, x_n$ 为计算的 n 个参数变量,则称计算 F 为 x 元计算,S 是计算的结果,记为:

$$S = F(x_1, x_2, \cdots, x_n)$$

如果 $a_1, a_2, \cdots, a_n$ 是 n 个参数变量 $x_1, x_2, \cdots, x_n$ 的值,则 $S = F(a_1, a_2, \cdots, a_n)$ 是 F 的一次计算,S 为计算结果值。

(2)以元规则定义。如果 $A_1, A_2, \cdots, A_n$ 是 n 个前件,B 是结论,则称其为 n 元规则,记为 R。R 可表示为:

$$\text{If } A_1, A_2, \cdots, A_n, \text{then } B$$

(2)计算逻辑转换定理。由 n 元计算和 n 元规则的定义,有如下转换定理:给定一个计算 F,它的一次计算 $S = F(a_1, a_2, \cdots, a_n)$ 可以生成一个 n

元规则 R,称该规则 R 为计算规则。R 可以表示为：
$$\text{If } A_1, A_2, \cdots, A_n, \text{then } B$$
式中,$A_1 \Rightarrow x_1 = a_1, A_2 \Rightarrow x_2 = a_2, A_n \Rightarrow x_n = a_n; B \Rightarrow S = s$。

简单地,将 R 表示为：
$$\text{If } a_1, a_2, \cdots, a_n, \text{then } s$$

7.1.4　二维云模型及算法

7.1.4.1　二维云模型

1)一维云

当给定期望值 E_x、熵 E_n、超熵 H_e 3 个数值特征和特定的 $x = x_0$,满足上述条件的 $\text{drop}(x_0, y_i)$ 的组合称为 X 条件云。当给定 3 个数值特征和特定的 $y = \mu_0$ 时,产生满足上述条件的 $\text{drop}(x_i, \mu_0)$ 的组合称为 1。正态云模型在表达语言值时最为常用。

正态云的生成算法如下：

(1) $E'_n = G(E_n, H_e)$,生成以期望值为 E_n,标准差为 H_e 的正态随机熵 E'_n。

(2) $E_i = G(E_x, E'_n)$,生成以期望值为 E_x,E'_n 标准差为的正态随机数 x_i。

(3)计算 $\mu_i = \exp[-(x_i - E_n)^2 / 2E'^2_n]$,生成 $\text{drop}(x_i; \mu_i)$。

云的生成算法可以用软件实现,也可以用硬件实现。一维云发生器如图 7-4 所示。

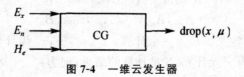

图 7-4　一维云发生器

2)二维云及多维云定义

二维云的数字特征用期望 (E_{x1}, E_{x2})、熵 (E_{n1}, E_{n2}) 和超熵 (H_{e1}, H_{e2}) 表示。期望 (E_{x1}, E_{x2}) 反映了相应的由两个定性概念原子组合成的定性概念的信息中心值,熵 (E_{n1}, E_{n2}) 反映了定性概念在坐标轴方向上的亦此亦彼性的裕度,超熵 (H_{e1}, H_{e2}) 反映了二维云的离散程度。

二维正态云的生成算法如下(这里假设语言值 X、Y 相互独立)：

(1) $(E'_{nx}, E'_{ny}) = G(E_{nx}, E_{ny}, H_e)$,生成以期望值为 (E_{nx}, E_{ny})、标准

差为 (H_x,H_y) 的二维正态随机熵 (E'_{nx})。

（2）drop $(x_i,y_i) = G(E_x,E'_{nx},E_y,E'_{ny})$，生成以期望值为 (E_x,E_y)、标准差为 (E'_{nx},E'_{ny}) 的二维正态随机数 (x_i,y_i)。

（3）计算 $\mu_i = \exp\{-1/2[(x_i-E_x)^2/E'^2_{nx}+(y_i-E_y)^2/E'^2_{ny}]\}$，生成 drop (x_i,y_i,μ_i)。

二维正态云的生成算法同样也可以用软件或硬件实现。二维正态云发生器如图 7-5 所示。

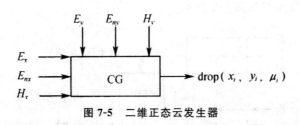

图 7-5　二维正态云发生器

三维及多维云的实现可以与二维云同理扩展。

7.1.4.2　二维云生成算法

假设从两个方向给定期望 (E_x,E_y)、熵 (E_{nx},E_{ny}) 和超熵 (H_x,H_y)，并且假定语言值 X、Y 相互独立，则可以用 3 个数字特征 (E_y,E_{ny},H_y) 调用一维云发生器生成 drop (y_i,μ_i,y_i)。其中，一维云发生器中产生的正态随机数 E'_{nx}、x_i、E'_{ny}、y_i 符合二维云发生器中产生的满足二维正态分布的随机数。因为在 X、Y 相互独立的条件下，满足二维正态分布的随机数正是以两个单独的正态随机过程来实现的，所以一维云生成算法和二维云生成算法中，上述数字存在以下关系，即

$$\mu_{x_i} = \exp[-(x_i-E_x)^2/2E'^2_{nx}]$$
$$\mu_{y_i} = \exp[-(y_i-E_y)^2/2E'^2_{ny}]$$
$$\mu_i = \exp[-(x_i-E_x)^2/2E'^2_{nx}-(y_i-E_y)^2/2E'^2_{ny}]$$

由上面两式得：

$$-(x_i-E_x)^2/2E'_{nx} = \ln(\mu_{x_i})$$
$$-(y_i-E_y)^2/2E'_{ny} = \ln(\mu_{y_i})$$

于是得：

$$\mu_i = \exp[\ln(\mu_{x_i})+\ln(\mu_{y_i})] = \exp[\ln(\mu_{x_i}\mu_{y_i})] = \mu_{x_i}\mu_{y_i}$$

可以看到用一维云构造二维云完全行得通。如下所示的二维云生成算法与上面所提出的二维云生成算法完全等效。算法描述如下：

（1）drop $(x,\mu_{x_i}) = CG(E_x,E_{nx},H_x)$，调用一维云发生器生成 drop (x_i,μ_{x_i})。

(2)$\mathrm{drop}(x,\mu_{y_i})=\mathrm{CG}(E_y,E_{ny},H_y)$，调用一维云发生器生成 $\mathrm{drop}(y_i,\mu_{y_i})$。

(3)计算 $\mu_i=\mu_{x_i},\mu_{y_i}$，生成 $\mathrm{drop}(x_i,y_i,\mu_i)$。

基于一维云构造多维云的思路与二维云的构造思路是相同的。二维云及多维云的算法可以用软件实现，也可以用硬件实现。当用硬件实现时，只需在一维云发生器的基础上加上一个乘法处理器（MP）。这种构造方法的好处在于所有多维云的构造都极其简单易行，因而可以显著地降低硬件成本。多维云发生器如图 7-6 所示。

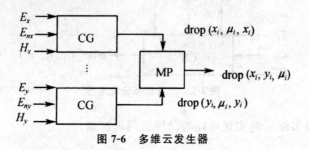

图 7-6　多维云发生器

7.1.5　云综合评判模型

一级综合评判模型定义：设 n 个变量的函数 $f:[0,1]^n\rightarrow[0,1]$ 满足：

(1)$f(0,0,\cdots,0)=0,f(1,1,\cdots,1)=1$。

(2)如果 $x_i\leqslant x_i'$，则 $f(x_1,x_2,\cdots,x_n)=f(x_1',x_2',\cdots,x_n')$。

(3)$\min\limits_{x_i\to x_{i0}}f(x_1,x_2,\cdots,x_n)=f(x_{10},x_{20},\cdots,x_{n0})$。

(4)$f(x_1+x_1',\cdots,x_n+x_n')=f(x_1,x_2,\cdots,x_n)+g(x_1',x_2',\cdots,x_n')$，

则称 f 为评判函数。其中，g 表示映射关系，$g:[0,1]^n\rightarrow[0,1]$。

评判函数具有下列性质：

$$f(x_1,x_2,\cdots,x_n)=\sum_{i=1}^{n}a_ix_i,\sum_{i=1}^{n}a_i=1\quad a_i\geqslant 1$$

分析这个综合评判的定义和性质，会发现对某事物的综合评判结果取决于两方面因素：①各个分指标的评判结果；②各个分指标在综合评判中占的权重。

基于云模型的综合评判包括 3 个集合：

(1)指标集合 $U=\{u_0,u_1,u_2,\cdots,u_m\}$，其中，$u_0$ 为目的指标，其余为分指标。

(2)权重集合 $V=\{v_1,v_2,\cdots,v_m\}$，其中，$v_i\geqslant 0$，且 $v_1+v_2+\cdots+v_m=1$。

（3）评语集合 $W = \{w_1, w_2, \cdots, w_n\}$。

对存在双边约束 $[C_{\min}, C_{\max}]$ 的评语，可用期望值为约束条件的中值，主要作用区域为双边约束区域的云来近似该评语，云参数计算公式如下：

$$E_x = (C_{\min} + C_{\max})/2$$
$$E_y = (C_{\min} - C_{\max})/6$$
$$H_e = k$$

式中，k 为常数，可根据评语本身的模糊程度来具体调整。

假设因素 $u_1, u_2, \cdots, u_m$ 对应的评语云为 $SC_1, SC_2, \cdots, SC_m$，其中 $SC_i = E[E_{x_i}, E_{n_i}, H_{n_i}]$，如果不考虑各个因素的权重，那么最后的综合评判云为：

$$SC_0 = \bigcap_{j=1}^{m} SC_i$$
$$= E[(E_{x_1}, E_{x_2}, \cdots, E_{x_m}), (E_{n_1}, E_{n_2}, \cdots, E_{n_m}), (H_{e_1}, H_{e_2}, \cdots, H_{e_m})]$$

如果考虑到各个因素的权重，因素 u_1 的权重值 v_i 如果大于平均权重值 $1/m$，这个因素评语的期望值也会相应增大；反之，这个因素评语的期望值会减小。因此，可以用 $v_i \times m$ 作为比例因子，与原有的期望值相乘。令 $\text{modify}(E_{x_i}) = \{v_i \times m E_{x_i}, 1\}$，用 $\text{modify}(E_{x_i})$ 作为修正后的期望值，就能防止当 $v_i \times m > 1$ 时，E_{x_i} 的修正值溢出上界。这样，考虑权重时的综合评判云可表示为：

$$SC_0 = \bigcap_{j=1}^{m} SC_i = E[(\text{modify}(E_{x_1}), \text{modify}(E_{x_2}), \cdots, \text{modify}(E_{x_m})),$$
$$(E_{n_1}, E_{n_2}, \cdots, E_{n_m}), (H_{e_1}, H_{e_2}, \cdots, H_{e_m})]$$

7.1.6　基于云理论的神经网络映射学习

神经网络是通过一组训练例子的输入与输出之间的映射关系进行学习。学习过程可看作一种近似化或平衡态编码。对于近似化方式学习，$H(W, X)$ 作为函数 $h(X)$ 的近似，学习过程就是不断逼近 $h(X)$，即

$$d[H(W^*, X), h(X)] \leqslant d[H(W, X), h(X)]$$

式中，$d[H(W^*, X), h(X)]$ 为 $H(W, X)$ 与 $h(X)$ 之间逼近距离的度量。

采用基于云理论的神经网络进行映射学习。采用 5 层神经网络（输入层、输出层、模糊化层、模糊推理层和解模糊化层）来学习变量间的映射关系。

7.1.6.1　简化的 TS 云控制器引入

TS 云理论控制器采用 m 个（$m \geqslant 1$）离散输入变量，即 $x_1(n)$，

$x_2(n),\cdots,x_m(n)$，其中，n 代表采样时间。

第 j 条规则表示如下：

$$\text{If } x_1(n) \text{ is } A_1^j \text{ and}\cdots\text{and } x_m(n) \text{ is } A_m^j$$
$$\text{then } y_j(n) = a_{0j} + a_{1j}x_1(n) + \cdots + a_{mj}x_m(n)$$

式中，$y_j(n)$ 为第 j 规则的一个局部控制；A_i^j 为输入模糊集合；a_{0j}、a_{1j} 为可调整控制器参数，并且它们能是任意值，从而使这些规则产生希望的全局和局部控制动作。然而，实现该方法需要很大的代价，有太多的参数需要在线或离线的辨识。

为了克服这些不利因素，采用下面介绍的控制方案可以大大地减少传统的 TS 规则参数的数目。该方案具有以下的形式：

R_1：If $x_1(n)$ is A_1^1 and$\cdots$and $x_m(n)$ is A_m^1

then $y_1(n) = k_1(a_0 + a_1x_1(n) + \cdots + a_mx_m(n))$

R_2：If $x_1(n)$ is A_1^2 and$\cdots$and $x_m(n)$ is A_m^2

then $y_2(n) = k_2y_1(n)$

R_j：$x_1(n)$ is A_1^j and$\cdots$and $x_m(n)$ is A_m^j

then $y_i(n) = k_jy_1(n)$

其中，$a_0,a_1,\cdots,a_m$ 和 $k_1,k_2,\cdots,k_n$ 是未知的可调整参数；R 是第 j 条规则，$1 \leqslant j \leqslant N$，$N$ 是规则的总数目。上述 TS 模糊控制规则为简化的 TS 模糊控制规则。

采用模糊积（AND），上述 m 个简化 TS 规则的后件产生一个 $y_j(n)$ 的联合隶属度，记为：

$$\mu_j = \prod_{i=1}^m \mu_\beta(x_i)$$

式中，β 代表所研究的 A_i^j；$\mu_\beta(x_i)$ 由云发生器产生。

上述 TS 模糊控制规则也是简化的 TS 云控制器的算法。

用普通的重心法解模糊化云解所有规则的总控制，得到模糊控制器增量形式的输出为：

$$Y = \sum_{j=1}^N \mu_j y_j(n) \Big/ \sum_{j=1}^N \mu_j$$

7.1.6.2 云神经网络的结构

在简化的 TS 云推理的基础上建立云处理系统。该神经网络不仅包括求和乘积神经元，而且模糊神经元能做基本的模糊操作，如最大操作或最小操作。因此，本节介绍一种混合的神经网络。

为了方便，利用模糊子集 A_i^j 标记隶属度函数，整个神经网络的输出如下：

$$Y = \sum \mu_j y_j / \sum \mu_j$$

$$y_i = k_j v$$

$$\mu_j = \wedge A_i^j(x_i)$$

$$v = a_0 + \sum_{i=1}^{m} a_i x_i$$

7.1.6.3　学习算法

假设神经网络的希望输出为 Y^d，它能通过启发式的方法或其他方法得到代价函数：

$$E = \frac{1}{2}(Y^d - Y)^2$$

根据误差反向传播的原理，得到 $k_j(j = 1, 2, \cdots, N)$、$a_k(k = 0, 1, \cdots, m)$ 的算法：

$$\frac{\partial E}{\partial k_j} = \frac{\partial E}{\partial Y} \frac{\partial Y}{\partial y_i} \frac{\partial y_i}{\partial k_j} = -\frac{(Y^d - Y)\mu_j v}{\sum\limits_{j=1}^{N} \mu_j}$$

$$\frac{\partial E}{\partial a_k} = \frac{\partial E}{\partial Y} \left| \frac{\partial Y}{\partial y_1} \frac{\partial y_1}{\partial v} \frac{\partial v}{\partial a_k} + \frac{\partial Y}{\partial y_2} \frac{\partial y_2}{\partial v} \frac{\partial v}{\partial a_k} \cdots + \frac{\partial Y}{\partial y_N} \frac{\partial y_N}{\partial v} \frac{\partial v}{\partial a_k} \right|$$

$$= -\frac{(Y^d - Y)(\mu_1 k_1 x_k + \mu_2 k_2 x_k + \cdots + \mu_N k_N x_k)}{\sum\limits_{j=1}^{N} \mu_j}$$

$$= \frac{(Y^d - Y)\sum\limits_{j=1}^{N} \mu_j k_j}{\sum\limits_{j=1}^{N} \mu_j}$$

式中，$x_0 = 1$。

因此，后件参数可以调整为：

$$\Delta k_j = \eta \frac{\partial E}{\partial k_j}, \Delta a_k = \eta \frac{\partial E}{\partial a_k}$$

式中，η 为学习率。

7.2　DNA 算法

通过对 DNA 分子的编码，将要解决问题的信息存储在 DNA 链上。这些 DNA 链在可控的生化环境(温度、酶或酸碱环境)中进行有序的并行组合,最终达到稳定状态。稳定状态的 DNA 分子表达了所求问题的解的信息,最后对这些信息进行解读得到问题的解。

用 DNA 计算解决实际问题的基本模式可以分为如下 3 个阶段:算法设计阶段、DNA 计算阶段、问题解决阶段。

剪接模型是基于剪接运算上的 DNA 计算的形式模型。剪接模型以 DNA 链为计算主体,在限制性内切酶、DNA 连接酶、DNA 聚合酶和外切酶作用下进行剪接运算。其定义为:设 V 是一个有穷字母表,其中字符 $\#$, $\$ \notin V$。$V$ 上的剪接规则是形为 $r=u_1\#u_2\$u_3\#u_4$ 的词,$u_1,u_2,u_3,u_4\in V^*$,V^* 为 V 的所有词(也包含空词)的集合。对于剪接规则 $r=u_1\#u_2\$u_3\#u_4$ 和词 $v,w\in V^*$,如果存在词 $v',v'',w',w''\in V^*$ 使得 $v=v'u_1u_2v''$,$w=w'u_3u_4w''$,那么可将规则 r 应用到 v,w 上,并产生两个新词 $\bar{v}=v'u_1u_4w''$ 和 $\bar{w}=w'u_3u_2v''$,将该剪接过程记为 $(v,w)\Rightarrow_r(\bar{v},\bar{w})$,可简记为 $(v,w)\Rightarrow(\bar{v},\bar{w})$。字母表 V 上的剪接系统是一个三元组 $S=(V,I,R)$,其中,$I\subseteq V^*$ 是初始语言,$R\subseteq V^*\#V^*\$V^*\#V^*$ 是剪接规则集。将剪接规则 $u_1\#u_2\$u_3\#u_4$ 记为 $(u_1,u_2;u_3,u_4)$。剪接实验是剪接模型的基本生化实验,剪接实验由酶切反应和杂交实验构成。

DNA 计算模型是一种特定的 DNA 计算模式,由特定的 DNA 分子和可控的生化实验组成。DNA 计算模型是 DNA 计算的重要组成部分,是 DNA 计算的研究热点。

7.2.1 基于 DNA 算法的人脸识别

一个存储复合体是存储链的统称,其上的子链为开或关。存储复合体表示二进制数,其中开(关)的子链表示为 1(0)。因此,复合存储体就是一个部分为双链的 DNA 串,如图 7-7 所示。

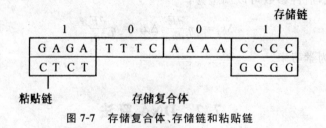

图 7-7　存储复合体、存储链和粘贴链

SVD 是提取图像代数特征的较好手段,获得了广泛的应用。奇异值定理及其特性描述如下：

若 $A \in \mathbf{R}_{m \times n}$（不失一般性，设 $m \geqslant n$），$\mathrm{rank}(A) = r$，则存在两个正交矩阵列 $U = [u_1, u_2, \cdots, u_m] \in R_{m \times n}$，$U^T U = I$ 和 $V = [v_1, v_2, \cdots, v_m] \in R_{n \times n}$，$V^T V = I$ 以及对角阵 $S = \mathrm{diag}[\lambda_1, \lambda_2, \cdots, \lambda_r, 0, \cdots, 0] \in R_{m \times n}$，$\lambda_1, \lambda_2, \cdots, \lambda_r \geqslant 0$ 使得下式成立：

$$A = USV^T = \sum_{i=1}^{r} \lambda_i u_i v_i^T$$

式中，λ_i^2 为 $A^T A$，并且也是 AA^T 的特征值；$u_i v_i$ 分别为 AA^T 和 $A^T A$ 的对应于 λ_i^2 的特矢量。

上式可以改写为投影形式：

$$S = U^T A V$$

即图像 A 在 U、V 上的投影为对角阵 S。取 S 的对角线上的元素构成的矢量即为图像的奇异值特征。人们已经证明了奇异值特征矢量具有稳定性和旋转、伴移不变性。

7.2.2　基于 DNA 算法的交通诱导系统

假设车辆出发点为 X_1 点，其目的地为 X_n 点。车辆路经 A 点时，可以根据 A 点的屏幕信息得到从 A 到 X_1 的最新路径优化信息，并在此信息基础上做出路径决策，即诱导系统会根据每条道路的当前通行状态，计算出从 A 点到附近区域其他各点的最优路径，并在屏幕上显示出来。

将路网近似等价于赋整数权有向图 $D = (V, E, W)$。式中，$V(D) = \{X_1, X_2, \cdots, X_n\}$ 为 D 的顶点集；$E(D) = \{a_{ij} \mid X_i, X_j \in V(D) \mid\}$ 为 D 的顶点集；$W = \{w_{ij} \mid a_{ij} \in E(D), w_{ij} \in R_+ \mid\}$ 为 D 的权集。设图 7-8 给出了比较简单的单向车道的实际图以及转换图。

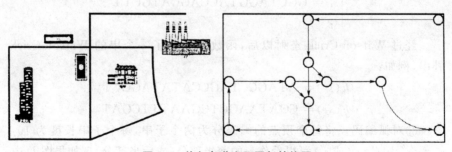

图 7-8　单向车道实际图与转换图

P 为从 X_1 到 X_n 的一条路,则路 P 的权定义为 $w(p) = \sum_{a_{ij} \in E(D)} w_{ij}$,最优路径选择问题就是将搜索 X_1 到 X_n 的所有路径中权值最小的路径。

正整数权有向图 $D = (V, E, W)$ 的 DNA 算法步骤如下:

(1)对顶点和弧进行编码,随机生成所有从起始点到终点的路径,去掉所有权值大于 $\sum_{a_{ij} \in E(D)} w_{ij}$ 的 DNA 片段和未反应的 DNA 片段,并根据链长进行排序。取图 7-9 的一部分作为研究对象,并给定权值,如图 7-10 所示,设定求解的路线为从 X_7 到 X_2 的最短路径。

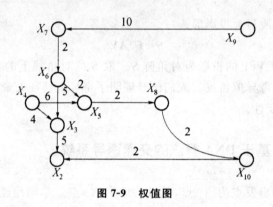

图 7-9 权值图

具体实现如下:

①对顶点编码。将 D 中每个顶点置用不同的 DNA 片段与之对应,将点置用一个随机的长度为 20 的 DNA 串 s_i 来表示。例如,对图 7-10 中的顶点可以表示成:

$$\begin{cases} s_2 = \text{TATCGGATCGGTATATCCGA} \\ s_3 = \text{GCTATTCGAGCTTAAAGCTA} \\ s_4 = \text{GGCTAGGTACCAGCATGCTT} \\ \vdots \end{cases}$$

经过 Watson-Crick 态射以后,函数 h 生成了一个串的 Watson-Crick 补串,例如:

$$\begin{cases} h(s_2) = \text{ATAGCCTAGCCATATAGGCT} \\ h(s_3) = \text{CGATAAGCTCGAATTTCGAT} \end{cases}$$

②对弧编码。将每个顶点的编码分为两个子串,每个子串长度为 10:$s_i = s_i's_i''$,因此,s_i'(或 s_i'')可以看作 s_i 的前半部分(或后半部分)。如果图 D 中存在一条从 i 到 j 的边,就对这条边用 $h(s_i''Ks_j')$ 进行编码。因此,每条边的编码包含 3 个部分:

第一部分是由与其相连的第一个顶点所对应编码的寡核苷酸补码的后半部分。

第二部分 K 是设定长度为 $20 \times w_{ij}/D, D = \max\{w_{ij} \mid i = 1,2,\cdots,n; j = 1,2,\cdots,m\}$ 的编码片断,用来反映权值。

第三部分是由与其相连的第二个顶点所对应编码的寡核苷酸补码的前半部分。

下面给出了两条边的编码:

$$\begin{cases} a_{32} = \text{GAATTTCGATCGACGTATCGATAGCCTAGC} \\ a_{23} = \text{CATATAGGCTAGCTGCATCGCGATAAGCTC} \end{cases}$$

③将得到的寡聚核苷酸 s_i 串和 DNA 片段 a_{ij} 混合后放在试管中缓慢升温至 $94\,^\circ\!\text{C}$,然后缓慢冷却。那么得到的混合物包含从起点到终点的 DNA 片段和一些未完全反应的物质。

去掉 DNA 片段两端的保护基。对反应物进行凝胶电泳,按链长收集 DNA 片段,并去掉链长大于 $\left(n + \sum\limits_{a_{ij} \in E(D)} w_{ij}/D\right) \times 20$ (n 为图中边的数量)的 DNA 片段和小于 20 的 DNA 片段,那么按链长排列顺序包含了图 D 中起点为 X_7,终点为 X_2,长度不超过图权值总和的所有链的 DNA 片段。

(2)筛选。去掉无效的片段,例如,起始点错误的、包含重复点的片段。

①对步骤(1)得到的片段进行处理,去掉所有补链,对 s_2 到 s_{n-1} 各点分别做实验。

②对作为路径起点的 X_7 和终点的 X_2 进行实验,只记录下有且只有一个亮点的 DNA 片段,这是为了保证起始点的存在性。

(3)得到最短路并进行分析。在步骤(2)中得到了所有从起点到终点的片段,根据实验中记录的亮点就可以得到该路径经过的点,因此得到路径的解析并且计算出权值。

(4)算法复杂性分析。生物合成技术可以保证所有顶点和弧的合成一次完成,因此步骤(1)操作次数很少;步骤(2)中,要对每个片段的所有中间点进行检验,因此操作次数为 $O(n)$;步骤(3)主要分析步骤(2)的实验结果,操作次数也很少。所以整个算法操作次数为 $O(n)$。为了便于对比,分别采用遗传算法和 DNA 算法,如图 7-10 所示。但是更为复杂的城市路网(分别设计 25～100 个节点)进行了编程计算,结果见表 7-2。

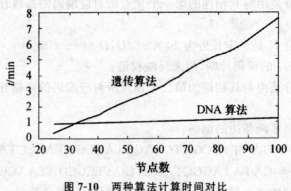

图 7-10　两种算法计算时间对比

表 7-2　100 个节点时两种算法性能对比

项目	DNA 算法	遗传算法
所有路径的总权值	35 641	37 554
目标函数计算次数	无	1 000
所有节点计算时间总和/min	1.24（除去试验步骤后的大约时间）	7.61

可见，在 $O(n)$ 的复杂下，DNA 算法可以满足交通诱导系统对最优路径的计算实时性要求。

7.2.3　中国邮递员问题

一名邮递员负责投递某个街区的邮件，从邮局出发，经过投递区内每条街道至少一次，最后返回邮局，为他（她）设计一条最短的投递路线。

上述问题可抽象为以下图论模型中的问题：

对于给定的连通无向图 $G = (V, E)$，其中，$V = \{v_1, v_2, \cdots, v_n\}$ 为图 G 中的节点集合，$E = \{e_1, e_2, \cdots, e_m\}$ 为图 G 中的无向弧集合。令 d_j 为无向弧 e_j 对应的距离，则对图 G 中给定的节点 v_s，需要从所有可能路径集 $\{P_j\}$ 中求得一条最优路径 P'_j。其中，P_j 满足：P_j 从节点 v_s 开始到节点 v_s 结束；$\{e_1, e_2, \cdots, e_m\} \subseteq P_j$。$P'_j$ 满足：$D(P'_j) = \min\{D(P_j)\}$，其中 $D(x)$ 表示路径 x 中所有无向弧对应的距离之和。图 7-11 给出了具有 4 条街道的中国邮递员问题的图论模型。

图 7-11 中，P 节点表示邮局，则路径 $P \rightarrow R_1 \rightarrow A \rightarrow R_4 \rightarrow B \rightarrow R_4 \rightarrow A \rightarrow R_3 \rightarrow P \rightarrow R_2 \rightarrow A \rightarrow R_2 \rightarrow P$ 为满足要求的最短路径之一，路径总长度为 370 mm。

上述中国邮递员问题的距离图模型无法直接应用于 DNA 计算,因此需要对其进行适当的变换。图 7-12 给出了图 7-11 所示的中国邮递员问题的距离图模型所对应的虚拟权值图模型。

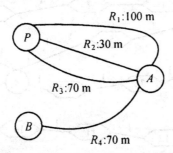

图 7-11　具有 4 条街道的中国邮递员问题的图论模型

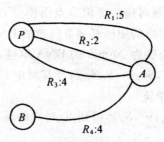

图 7-12　虚拟权值图模型

中国邮递员问题可转化为任意无向弧的虚拟权值均为 1 的以下图论问题:

对于给定的连通无向图 $G = (V, E)$,其中,$V = \{v_1, v_2, \cdots, v_n\}$ 为图 G 中的节点集合,$E = \{e_1, e_2, \cdots, e_m\}$ 为图 G 中的无向弧集合,则对图 G 中给定的节点 v_s 需要从所有可能路径集 $\{P_j\}$ 中求得一条最优路径 P'_j。其中,P_j 满足:P_j 从节点 v_s 开始到节点 v_s 结束;$\{e_1, e_2, \cdots, e_m\} \subseteq P_j$。$P'_j$ 满足:$W(P'_j) = \min\{W(P_j)\}$,其中 $W(x)$ 表示路径 x 中所有无向弧对应的虚拟权值之和。

图 7-13 给出了图 7-12 所示中国邮递员问题的虚拟权值图模型所对应的虚拟节点权值图模型,其中 P、A、B 为路径节点,标号 1～12 节点为虚拟节点。

中国邮递员问题的 DNA 算法:

对给定街区的中国邮递员问题,首先给出问题对应的虚拟权值图模型 $G' = (V', E')$,其中,G' 为连通无向图;$V' = \{V_1, V_2, \cdots, V_M\}$ 为图 G' 中的节点集合;$E' = \{E_1, E_2, \cdots, E_M\}$ 为图 G 中的无向弧(路径)集合。然后,再给出问题对应的虚拟节点图模型 $G = (V, E)$,其中,G 为连通向图;为图 G

中的节点集合;$E=\{e_1,e_2,\cdots,e_m\}$ 为图 G 中的无向弧(路径)集合。

显然,由以上描述可知:$V'\subset V$。

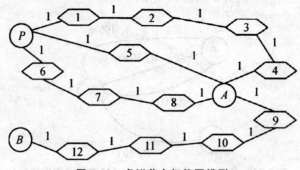

图 7-13　虚拟节点权值图模型

针对中国邮递员问题对应的虚拟节点图模型 $G=(V,E)$,不妨假定节点 $v_1\in V_1$ 为邮局,则对应的中国邮递员问题的 DNA 算法如下:

(1)随机生成大量长度为 20-mer 的 DNA 单链,对 $v_1,v_2,\cdots,v_n$,选择 n 个不同的 DNA 单链 $S_1,S_2,\cdots,S_n$ 分别与其对应。{对任意节点 A,用 S_A 表示其所对应的 DNA 单链}

(2)$\forall S_j\in\{S_1,S_2,\cdots,S_n\}$,得到 S_j 对应的反转补链$\overline{S_j}$,并在试管 T_1 中生成大量$\overline{S_j}$ 的复制。

(3)$\forall V\in V',v_1',v_2',\cdots,v_t'\in V$,其中 $P\{V_1\leftrightarrow v_1'\leftrightarrow v_2'\leftrightarrow\cdots\leftrightarrow v_t'\leftrightarrow V\}$ 为一条邮局节点 V_1(用 S 表示邮局)、V 之间的路径。用如下方法生成 DNA 单链 $S_{S\rightarrow v_1'\rightarrow v_2'\rightarrow\cdots\rightarrow v_t'\rightarrow V}$,$S_{V\rightarrow v_t'\rightarrow v_{t-1}'\rightarrow\cdots\rightarrow v_1'\rightarrow S}$ 来表示路径 P,并在试管 T_2 中生成大量 $S_{S\rightarrow v_1'\rightarrow v_2'\rightarrow\cdots\rightarrow v_t'\rightarrow V}$,$S_{V\rightarrow v_t'\rightarrow v_{t-1}'\rightarrow\cdots\rightarrow v_1'\rightarrow S}$ 的复制。

①用 S_{V_1} 依次链接 $S_{v1}',S_{v2}',\cdots,S_{vt}'$,最后再链接上 S_V 的前 10-mer 寡聚核苷酸,所构成的长度为 $20(t+1.5)$-mer 的 DNA 单链 $S_{S\rightarrow v_1'\rightarrow v_2'\rightarrow\cdots\rightarrow v_t'\rightarrow V}$ 来表示路径 $P\{V_1\rightarrow v_1'\rightarrow v_2'\rightarrow\cdots\rightarrow v_t'\rightarrow V\}$。

②用 S_V 依次链接 $s_{v_t'},s_{v_{t-1}'},\cdots,s_{v_1'}$,最后再链接 S_{V_1} 的前 10-mer 寡聚核苷酸,所构成的长度为 $20(t+1.5)$-mer 的 DNA 单链 $S_{V\rightarrow v_t'\rightarrow v_{t-1}'\rightarrow\cdots\rightarrow v_1'\rightarrow S}$ 来表示路径 $P\{V\rightarrow v_t'\rightarrow v_{t-1}'\rightarrow\cdots\rightarrow v_1'\rightarrow V_1\}$。

(4)$\forall U,V\in V',v_1',v_2',v_t'\in V$,其中,$P\{U\leftrightarrow v_1'\leftrightarrow v_2'\leftrightarrow\cdots\leftrightarrow v_t'\leftrightarrow V\}$ 为一条 U、V 之间的路径。用如下方法生成 DNA 单链 $S_{U\rightarrow v_1'\rightarrow v_2'\rightarrow\cdots\rightarrow v_t'\rightarrow V}$,$S_{V\rightarrow v_t'\rightarrow v_{t-1}'\rightarrow\cdots\rightarrow v_1'\rightarrow U}$ 来表示路径 P,并在试管 T_3 中生成大量 $S_{U\rightarrow v_1'\rightarrow v_2'\rightarrow\cdots\rightarrow v_t'\rightarrow V}$,$S_{V\rightarrow v_t'\rightarrow v_{t-1}'\rightarrow\cdots\rightarrow v_1'\rightarrow U}$ 的复制。

①用 S_V 的后 10-mer 寡聚核苷酸,依次连接 $S_{v_t'},S_{v_{t-1}'},\cdots,S_{v_1'}$,最后再链接 S_U 的前 10-mer 寡聚核苷酸所构成的长度为 $20(t+1)$-mer 的 DNA 单链

$S_{V \to v'_t \to v'_{t-1} \to \cdots \to v'_1 \to U}$ 来表示路径 $P\{U \to v'_1 \to v'_2 \to \cdots \to v'_t \to V\}$。

②用 S_V 的后 10-mer 寡聚核苷酸,依次链接 $S_{v'_t}, S_{v'_{t-1}}, \cdots, S_{v'_1}$,最后再链接 S_U 的前 10-mer 寡聚核苷酸所构成的长度为 $20(t+1)$-mer 的 DNA 单链 $S_{V \to v'_t \to v'_{t-1} \to \cdots \to v'_1 \to U}$ 来表示路径 $P\{V \to v'_t \to v'_{t-1} \to \cdots \to v'_1 \to U\}$。

(5)将试管 T_1、T_2、T_3 物质倒入试管 T_4 中,产生大量的连接酶反应。

(6)利用 $\overline{S_1}$ 作为引物,基于多聚酶链式反应(Polymerase Chain Reaction,PCR)放大技术,使得步骤(5)所得到的产物中,仅以 $\overline{S_1}$ 起始,并以 $\overline{S_1}$ 结束的 DNA 双链得到放大。分离放大的 DNA 链并保存到试管 T_5。加热解开试管 T_5 中的 DNA 双链,生成 DNA 单链。

(7)$\forall E_j \in E'$,其中,E_j 为一条 U、V 之间的无向弧,$v'_1, v'_2, \cdots, v'_t$ 为 U、V 之间的虚拟节点。分别利用吸附到磁珠上的 $\overline{S}_{U \to v'_1 \to v'_2 \to \cdots \to v'_t \to V}$,$\overline{S}_{V \to v'_t \to v'_{t-1} \to \cdots \to v'_1 \to U}$ 来孵化生成的单链 DNA。由于只有包含 $S_{U \to v'_1 \to v'_2 \to \cdots \to v'_t \to V}$ 或 $S_{V \to v'_t \to v'_{t-1} \to \cdots \to v'_1 \to U}$ 的 DNA 单链才能与 $\overline{S}_{U \to v'_1 \to v'_2 \to \cdots \to v'_t \to V}$ 或 $\overline{S}_{V \to v'_t \to v'_{t-1} \to \cdots \to v'_1 \to U}$ 产生连接酶反应,因此可通过磁珠的磁性分离出试管瓦中包含 $S_{U \to v'_1 \to v'_2 \to \cdots \to v'_t \to V}$ 或 $S_{V \to v'_t \to v'_{t-1} \to \cdots \to v'_1 \to U}$ 的 DNA 单链。

(8)对步骤(7)所得到的产物,依次对 E' 中的所有其他无向弧分别重复步骤(8)。保留最终得到的 DNA 单链。

(9)对步骤(8)所得到的所有 DNA 单链,首先,使之带上负电,然后将其放置于矩阵凝胶体的负极。基于相斥原理,所有 DNA 单链将向反方向移动。由于长的 DNA 链的移动速度小于短的 DNA 链,因此,可以分离出移动速度最快的 DNA 单链。

(10)对步骤(9)所得到的任意 DNA 单链,按以下方法确定其对应的路径中包含的各条无向弧的访问顺序。

①将得到的 DNA 单链固定的表面上。

②$\forall E_j \in E' = \{E_1, E_2, \cdots, E_m\}$,其中 E_j 为一条 U、V 之间的无向弧,$v'_1, v'_2, \cdots, v'_t$ 为 U、V 之间的虚拟节点,将连接上不同的荧光素。

③将 $\overline{S}_{U \to v'_1 \to v'_2 \to \cdots \to v'_t \to V}$、$\overline{S}_{V \to v'_t \to v'_{t-1} \to \cdots \to v'_1 \to U}$ 加到表面上。

④重复步骤②和③,直到 DNA 双链。

⑤利用激光共聚焦显微镜观察表面上的 DNA 双链的荧光素颜色,即可确定其对应的路径中包含的各条无向弧的访问顺序。

显然,针对具有 n 个节点的模型 $G = (V, E)$,步骤(1)的时间复杂度为 $O(n)$;在步骤(2)中,由于 DNA 计算的并行性,针对不同的 $\overline{S}_j$,在试管 T_1 中生成大量 $\overline{S}_j$ 的复制是同时进行的,因此其时间复杂度也为 $O(n)$;在步骤(3)中,假定模型 $G = (V, E)$ 中的不同路径条数为 m,则步骤(3)的时间复杂度为 $O(m)$;类似步骤(3),易知步骤(4)的时间复杂度也为 $O(m)$;步骤

(5)→(8)的时间复杂度显然均为 $O(1)$；而对步骤(10)由于模型 $G = (V,E)$ 中的不同路径条数为 m，因此得到的 DNA 单链最多为 m，因此，其时间复杂度为 $O(m)$。一般而言，$m \gg n$ 算法总的时间复杂度为 $O(m)$。

7.3 量子智能信息处理

7.3.1 量子信息论

在量子信息系统中，常用量子位或量子比特表示信息单位。一个量子比特可表示成 $|0\rangle$、$|1\rangle$ 两个基本量子态（简称基本态）张成的二维希尔伯特空间中的任一矢量，如 $|\psi\rangle = \alpha|0\rangle + \beta|1\rangle$（$|\alpha|^2 + |\beta|^2 = 1$），$|\psi\rangle$ 又称为叠加态，能够对其进行测量。对于任何可区分 $|0\rangle$、$|1\rangle$ 两个态的测量方法，测出 $|\psi\rangle$ 为 $|0\rangle$ 的概率是 $|\alpha|^2$，$|\psi\rangle$ 为 $|1\rangle$ 的概率是 $|\beta|^2$。n 个量子比特串 $|\psi\rangle = \sum\limits_{x=000\cdots0}^{111\cdots1} \phi_x |x\rangle$ 表示 2^n 维希尔伯特空间中的任一矢量，其中 ϕ_x 是一复数，满足 $\sum\limits_{x} |\phi|^2 = 1$。

量子态是相互纠缠的，它打破了现有系统中整体部分之和的原则。纠缠作为量子系统的一个基本特性，存在于任何多体系统之中。考虑由 A 和 B 两个子系统组成的二体系统，设 A 的本征态矢为 $|n\rangle$，B 的本征态矢为 $|m\rangle$，由 $|n\rangle$ 和 $|m\rangle$ 的张量积组成共同体系 $A+B$ 的本征态矢为 $|n_A m_B\rangle$。或共同体系中的任一态矢 $|\psi\rangle_{AB} = \sum\limits_{n,m} C_{nm} |n_A m_B\rangle$（其中 C_{nm} 满足 $\sum\limits_{n,m} C_{nm} = 1$），不能表示为 $|n\rangle$ 和 $|m\rangle$ 的张量积时，则称 $|\psi\rangle_{AB}$ 为纠缠态。如 $|\psi\rangle_{AB} = \alpha|0_A 0_B\rangle + \beta|1_A 1_B|$ 为一纠缠态时，不能对其任一子系统进行精确测量。

任何量子态的信息处理最终可表示为对单个、两个量子比特的幺正变换。对于这样的幺正变换又称为量子比特门。最常用的单个量子比特门是 2×2 的幺正矩阵 $\begin{bmatrix} \alpha & \gamma \\ \beta & \delta \end{bmatrix}$，它将 $|0\rangle$ 态变换成 $\alpha|0\rangle + \beta|1\rangle$，$|1\rangle$ 态变换成 $\gamma|0\rangle + \delta|1\rangle$；而标准的两个量子比特门是可控非门，表示成 4×4 的幺正矩阵 $A \oplus B$，其中 A 和 B 分别表示 2×2 的单位矩阵和反单位矩阵，$\oplus$ 表示直和。

封闭的量子系统的基本状态是纯态,常用态矢量 $|\dot{\psi}\rangle$ 描述,对应的密度矩阵 $\rho = |\psi\rangle\langle\psi|$。更有效表示量子系统的方法是使用混合态(Mix State)。混合态具有两种组织形式:一种是由多纯态 $|\psi_i\rangle(i = 1,2,\cdots,n)$ 组成的混合系;另一种是由 A、B 两子系统组成的纠缠系统。它们对应的密度矩阵分别为 $\rho = \sum_i p_i |\psi_i\rangle\langle\psi_i|$ 和 $\rho = Tr |\psi_i\rangle\langle\psi_i|$,其中 TrB 表示对子系统 B 求部分迹。与经典信息论类似,为了更准确地描述量子态,量子信息论定义了冯·诺依曼(Von Neumann)熵,它的数学表达形式为:

$$S(\rho) = -\mathrm{Tr}\rho\log_2\rho$$

当组成混合态系统的每个纯态相互正交,p_i 为 ρ 的特征值,上述公式退化为:

$$S(\rho) = -\mathrm{Tr}\rho\log\rho = -\sum_i p_i\log p_i$$

冯·诺依曼熵等于香农熵,当各纯态不相互正交时,可以证明系统的冯·诺依曼熵将小于香农熵。

对于纯态信源(p_k 为纯态),当输入为 φ_i 而输出态为 W_i 时,保真度定义为:

$$F = \sum_i p_i\langle\varphi_i | W_i | \varphi_i\rangle$$

然而,对于混合态信源(ρ_k 为混合态),保真度定义为更加复杂的形式:

$$F = \sum_i p_i\left[\mathrm{Tr}\sqrt{\sqrt{\rho_i}W_i\sqrt{\rho_i}}\right]^2$$

式中,输出形 W_i 态对应于输入状态的密度矩阵 ρ_i;Tr 表示矩阵求迹运算。

对于冯·诺依曼熵为 $W(\rho)$ 的量子信源,ρ 为量子信源的密度矩阵。给定任意小的 δ 和 ε,如果对每个信号状态有 $[S(\rho)+\delta]$ 量子比特可以利用,那么,对于足够大的 N,存在着编码方法,用这些量子比特编码长度为 N 的量子态序列,信号态被恢复的保真度 $F = 1-\varepsilon$;反之,如果对每个信号态只有 $[S(\rho)-\delta]$ 量子比特可以利用,则当 N 足够大时,编码长度为 N 的量子序列的保真度 $F < \varepsilon$。

7.3.2　量子神经计算

将量子计算和神经计算相结合,有助于研究大脑工作的机理,深入研究神经计算本身,探索新信息处理方式。量子神经网络(QNN)是经典神经网络(ANN)的自然延伸,它与神经网络间存在着很多相似之处,但也有许多不同的地方,见表 7-3 所列。

表 7-3　ANN 与 QNN 相关概念比较

ANN		QNN	
神经元状态	$x_i \in \{0,1\}$	量子比较	$\mid x\rangle = a\mid 0\rangle + b\mid 1\rangle$
连接	$\{w_{ij}\}_{ij=1}^{p-1}$	纠缠	$\mid x_0 x_1 \cdots x_{p-1}\rangle$
学习规则	$\sum_{s=1}^{p} x_i^s x_j^s$	纠缠态叠加	$\sum_{s=1}^{p} a_s \mid x_o^s \cdots x_{p-1}^s\rangle$
赢元搜索	$n = \max_{i} \arg(f_i)$	幺正变换	$U : \psi \to \psi'$
输出结果	n	消相干	$\sum_{s=1} a_s \mid x^s\rangle \Rightarrow \mid x^k\rangle$

7.3.3　量子遗传算法

7.3.3.1　量子遗传算法基础

量子遗传算法(Quantum Genetic Algorithm,QGA)是基于量子计算原理的一种遗传算法。人们将 QGA 用于求解组合优化问题(背包问题),取得了较好的效果。

在 QGA 中,一个量子位可能处于$\mid 1\rangle$或$\mid 0\rangle$,或者处于$\mid 1\rangle$和$\mid 0\rangle$之间的中间态,即$\mid 1\rangle$和$\mid 0\rangle$的不同叠加态,因此一个量子位的状态可表示为:

$$\mid \psi\rangle = \alpha\mid 0\rangle + \beta\mid 1\rangle$$

式中,α 和 β 是复数,表示相应状态的概率幅,且满足归一化条件,即:

$$\mid \alpha\mid^2 + \mid \beta\mid^2 = 1$$

其中,$\mid \alpha\mid^2$ 表示$\mid 0\rangle$的概率;$\mid \beta\mid^2$ 表示$\mid 1\rangle$的概率。

在 QGA 中,主要采用量子旋转门,即:

$$U = \begin{bmatrix} \cos\theta & -\sin\theta \\ \sin\theta & \cos\theta \end{bmatrix}$$

式中,θ 为旋转角。

基于量子位的表示方法和量子力学的态叠加原理,QGA 的具体算法如下:

(1)初始化。包含 n 个个体的种群 $P(t) = \{p_1^t, p_2^t, \cdots, p_n^t\}$,其中,$p_j^t (j = 1,2,\cdots,n)$ 为种群中第 t 代的一个个体,且有:

$$p_j^t = \begin{bmatrix} \alpha_1^t & \alpha_2^t & \cdots & \alpha_m^t \\ \beta_1 & \beta_2 & \cdots & \beta_m \end{bmatrix}$$

式中，m 为量子位数目，即量子染色体的长度。在开始时，所有 α_i，β_i $(i=1,$ $2,\cdots,m)$ 都取 $1/\sqrt{2}$。

（2）根据 $P(t)$ 中概率幅的取值情况构造出 $R(t)$，$R(t)=\{\alpha_1^t,\alpha_2^t,\cdots,$ $\alpha_m^t\}$，其中，α_j^t $(j=1,2,\cdots,n)$ 是长度为 m 的二进制串。

（3）用适应值评价函数对 $R(t)$ 中的每个个体进行评价，并保留此代中的最优个体。若获得了满意解，则算法终止；否则，转入（4）继续进行。

（4）使用恰当的量子门 $U(t)$ 更新 $P(t)$。

（5）遗传代数 $t=t+1$，算法转至（2），继续进行。

7.3.3.2　新量子遗传算法

新量子遗传算法（Novel Quantum Genetic Algorithm，NQGA）的核心是采用量子比特相位比较法更新量子门和自适调整搜索网络的策略，NQGA 的最大特点是体质种群多样性的能力强。

用符号表示 α 和 β 的乘积，即 $d=\alpha*\beta$。其中，d 的正、负值代表此量子位相位 ξ 在平面坐标中所处的象限。如果 d 为正值，则表示 ξ 处于第一、三象限，否则处于第二、四象限，于是，m 个量子位的概率幅可表示为：

$$P=\begin{bmatrix}\alpha_1 & \alpha_2 & \cdots & \alpha_m\\ \beta_1 & \beta_2 & \cdots & \beta_m\end{bmatrix}$$

其中，$|\alpha|^2+|\beta|^2=1$，第 i 个量子位的相位为 $\xi=\arctan(\beta_i/\alpha_i)$ $(i=1,$ $2,\cdots,m)$。

设种群的大小为 n，其染色体用量子位表示为 $P=\{p_1,p_2,\cdots,p_n\}$，其中，p_j $(j=1,2,\cdots,n)$。如上式所示，量子逻辑门选用量子旋转门 G，即：

$$G=\begin{bmatrix}\cos\theta & -\sin\theta\\ \sin\theta & \cos\theta\end{bmatrix}$$

式中，θ 为量子门的旋转角，可表示为：

$$\theta=k*f(\alpha_i,\beta_i)$$

式中，k 为与算法收敛速度有关的系数。k 取值必须合理，如果 k 值取得太大，算法搜索的网络就很大，容易出现早熟现象，算法易收敛于局部极值点；反之，如果 k 的值取得太小，算法搜索网络就很小，速度太慢，甚至会处于停滞状态。

7.3.3.3　分组量子遗传算法

将种群分为两组，规定奇数代为第一组，偶数代为第二组，计算出每一代的 1 的个数并计算出它在总数中所占比例。分组量子遗传算法步骤如下：

(1)初始化。初始化所需变量,产生初始种群 $P(t)=\{p_1^t,p_2^t,\cdots,p_n^t\}$,其中,$n$ 是种群的规模,$p_j^t\{j=1,2,\cdots,n\}$ 为种群的第 t 代一个个体,$P_j^t=[\alpha_1^t,\alpha_2^t,\alpha_3^t,\cdots,\alpha_m^t;\beta_1,\beta_2,\beta_3,\cdots,\beta_m]$。其中,$m$ 为量子位数目,即染色体的长度,在初始化时,α、β 都取 $1/\sqrt{2}$,它代表等概率的线性叠加。

(2)根据 $P(t)$ 种群中概率幅的取值情况构造出 $R(t)$,$R(t)=\{b_1^t,b_2^t,\cdots,b_n^t\}$,其中,$p_j^t\{j=1,2,\cdots,n\}$ 是一个长度为 m 的二进制串,其中每一元素由 $p_j^t\{j=1,2,\cdots,n\}$ 中概率决定。

(3)用适应值评价它的每个染色体,并保留此代中的最优。如满足条件,停止继续。

(4)gen＝gen＋1,f＝rem(gen,2),计算 $P(t)$。

(5)根据种群 $P(t)$ 的概率幅构造出 $R(t)$。

(6)计算 H,$H=\dfrac{1\text{ 的个数}}{\text{总数}}$。

(7)得到 therta。

(8)用种群 $P(t)$ 更新量子旋转门 $P(t)=U(\text{deta\_therta})*P(t)$。

(9)保留最优解,返回(2)。

在此算法($H<0.3$ 或 $H>0.7$)中,0.3 或 0.7 的选择无确切依据,仅代表在此代中 0 多或 1 多的趋势,也可选为 $H<0.4$ 或 $H>0.6$。在 $0.3<H<0.7$ 时,therta 可取为 0,表示不进行任何偏转。但研究中发现,给 therta 一个小值寻优效果更好。therta 的大小影响收敛速度,但如果选得太大,将会引起"早熟"或解分叉,故 therta 的值选择范围一般为 $0.001\sim0.05$。

参考文献

[1]高隽.智能信息处理方法导论[M].北京:机械工业出版社,2004.

[2]孙红,徐立萍,胡春燕.智能信息处理导论[M].北京:清华大学出版社,2013.

[3]王耀南.智能信息处理技术[M].北京:高等教育出版社,2003.

[4]熊和金.智能信息处理[M].北京:国防工业出版社,2006.

[5]清华大学自动化系.智能信息处理和智能控制[M].杭州:浙江科学技术出版社,1998.

[6]毕晓君.信息智能处理技术[M].北京:电子工业出版社,2010.

[7]张炳达.信息智能处理技术基础[M].天津:天津大学出版社,2008.

[8]王雪,王晟.现代智能信息处理实践方法[M].北京:清华大学出版社,2009.

[9]李明.智能信息信息处理与应用[M].北京:电子工业出版社,2010.

[10]黄元亮,李冰.不确定性推理中确定性的传播[J].计算机仿真,2008,25(7):133-136.

[11]陈东彦,安军芳.时滞不确定系统的非脆弱状态反馈鲁棒控制[J].黑龙江大学自然科学学报,2008,25(3):291-296.

[12]戈剑.模糊控制与模糊控制器国内应用概况[J].仪器仪表标准化与计量,2017(4):21-26.

[13]张晓莘.基于语义的智能信息处理技术的研究[J].微型电脑应用,2014,30(11):55-57.

[14]陈才扣,王正群,杨静宇,等.一种用于人脸识别的非线性鉴别特征融合方法[J].小型微型计算机系统,2005,26(5):793-797.

[15]邱亚丹,敬忠良,陈雪荣,等.基于决策级的多源人脸融合识别[J].计算机工程与应用,2006,42(27):219-221.

[16]赵海涛,於东军,金忠,等.基于形状和纹理的人脸自动识别[J].计算机研究与发展,2003,40(4):538-543.

[17]赵跃,马鑫.数据融合技术在预警机系统中的应用[J].国防科技,2007(2):18-21.

[18]郎方年,周激流,宋恩彬,等.广义 Rayleigh 商在四元数体中的推

广及其在图像信息融合中的应用[J].激光杂志,2006,27(3):39-40.

[19]雍杨,王敬儒,张启衡.基于多特征融合的弱小运动目标识别[J].量子电子学报,2006,23(5):594-598.

[20]李彦明.基于确认模式的多通道生物认证技术研究[J].甘肃科技,2014,30(9):35-37.

[21]鲁红英,肖思和,宋弘.信息融合技术的方法与应用研究[J].四川理工学院学报(自科版),2007,20(5):35-38.

[22]赵以宝,孙圣和.时序模式的一种神经网络分类方法[J].计算机研究与发展,1999(5):541-545.

[23]刘向荣,索娟,柳娟,等.体内生物分子计算系统的原理、进展和展望[J].中国科学院院刊,2014(1):106-114.

[24]王兆才.最小连通图问题的 DNA 表面计算[J].数字技术与应用,2013(1):216-217.